建设工程计价依据应用

编著　王忠杰
主审　黄伟典

中国电力出版社
CHINA ELECTRIC POWER PRESS

内容提要

本书为普通高等教育“十二五”规划教材，书中以国家和山东省相关法规及文件为依据，重点介绍了《山东省建筑工程消耗量定额》、《山东省建设工程费用项目组成及计算规则》、《山东省建筑工程价目表》、《建设工程工程量清单计价规范》(GB 50500—2013)、《山东省建设工程工程量清单计价规则》等建设工程计价依据的内容和使用方法。全书体系完整，内容精炼，紧密结合实际，逻辑性强。

本书主要作为高职高专院校的工程造价、建筑工程管理、建筑工程技术等专业的教学用书以及工程造价专业人员的培训教材，也可供各类工程建设、管理人员学习参考或作为工程计价参考资料使用。

图书在版编目（CIP）数据

建设工程计价依据应用/王忠杰编著. —北京：中国电力出版社，2013.8

普通高等教育“十二五”规划教材. 高职高专教育

ISBN 978-7-5123-4630-7

Ⅰ.①建… Ⅱ.①王… Ⅲ.①建筑工程-工程造价-高等职业教育-教材 Ⅳ.①TU723.3

中国版本图书馆 CIP 数据核字（2013）第 143530 号

中国电力出版社出版、发行

（北京市东城区北京站西街 19 号 100005 http：//www.cepp.sgcc.com.cn）

航远印刷有限公司印刷

各地新华书店经售

*

2013 年 8 月第一版 2013 年 8 月北京第一次印刷

787 毫米×1092 毫米 16 开本 8.5 印张 181 千字

定价 **20.00** 元

前　言

建筑工程计量与计价能力是建筑工程类高职毕业生应具备的一项重要能力。目前全国各省、市、自治区的工程造价计价依据和方法尚不统一，各地都有各自的计价依据，并且在定额项目设置、定额子目编号、工程量计算规则、费用费率、计算程序和方法上都存在一定的差异。为了使学生能够熟练运用山东省的建设工程计价依据与规则、为计量与计价能力的培养奠定坚实基础，我们编写了本教材。

工程造价领域现阶段存在两种计价模式——定额计价模式和工程量清单计价模式。两种计价模式的基本原理相同，但计价依据与办法却各不相同。本书主要介绍《山东省建筑工程消耗量定额》、《山东省建设工程费用项目组成及计算规则》（2011年版）、《山东省建筑工程价目表》（2011年版）、《建设工程工程量清单计价规范》（GB 50500—2013）、《山东省建设工程工程量清单计价规则》（2011年版）等内容。

本书是根据高职教育的人才培养目标，结合多年教学和实践经验编写的。教材体系根据建筑工程计价活动的特点和专业课程设置及改革精神，遵循教学规律，按计价依据种类依次系统、详细介绍。书中以国家和山东省相关法规及文件为依据，以现行的工程费用及计算规则、工程消耗量定额、工程量清单计价规则为重点，突出了实用性和资料性。可作为高职高专院校的工程造价、建筑工程管理、建筑工程技术等专业的教学用书，也可供各类工程建设、管理人员学习参考及工程造价专业人员培训或自学以及作为工程计价参考资料使用。

工程计价依据和计价方法既制约于工程技术发展水平，又涉及工程造价的改革。本书编写中力求做到内容精炼、体系完整、逻辑性强、紧密结合实际，但尚难满足变化着的形势要求，只能根据当前实际情况，参照现行法规、规则编写。读者应随时关注新的规定及变化，不断补充和更新。限于编者水平，加之时间仓促，书中不足和错误在所难免，恳请读者批评指正！

本书在编写过程中，参考和引用了有关资料和教材，并得到烟台职业学院教务处和建筑工程系领导和同事的大力支持，在此，表示衷心感谢！还要特别感谢我校工程造价领域的老专家唐与国教授，他将自己多年积累的资料提供给我们，激励着我们把这本书编好。

编　者

2013年5月

目　　录

第1章　概　　论

1.1　我国建设工程计价办法的形成与改革

1.1.1　计价办法的形成与发展

1. 国民经济恢复时期（1949～1952年）

新中国成立初期，我国大规模的经济建设还没有开始，这一时期是劳动定额工作的初创阶段，主要是建立定额机构，培训定额人员。1951年由中央劳动部和中华全国总工会举办了全国性的劳动定额与工资培训班，并讲授了技术测定方法。随后，中央各工业部也举办了大量类似的培训班，培养了大批的领导干部和工作人员。在培训劳动工资与定额管理人员的同时，又设置了定额管理机构，并开始了工作试点和定额管理工作。随着建筑业开展民主改革和生产改革，在分配上改革了旧的工资制度，实行计件工资制。1952年前后，华东、华北、东北等地也相继编制了劳动定额或工料消耗定额。1952年调整和组建了土木工程类院校和中专，并设置了“建筑工程定额管理”课程，为定额管理培养了大批技术人才，促进和加强了定额管理，对建立工程建设概预算制度起了积极的推动作用。

2. 第一个五年计划时期（1953～1957年）

第一个五年计划时期，我国开始兴起了大规模经济建设的高潮。为了管好用好建设资金，在总结我国经济恢复时期和学习原苏联经验的基础上，逐步建立了具有我国计划经济特色的工程定额管理和工程预算制度。1954年国家计委编制了《1954年建筑工程设计预算定额》，1955年成立的国家建设委员会主持编制了《民用建筑设计和预算编制暂行办法》，并颁发了《工业与民用建筑预算暂行细则》；由原劳动部和建筑工程部联合编制了建筑业全国统一的劳动定额；1956年成立了国家建筑工程管理局，对1955年统一定额进行了修订，增加了材料消耗和机械台班定额部分，编制了全国统一施工定额。1957年颁布了《关于编制工业与民用建筑预算的若干规定》，国务院和国家计委先后颁布了《基本建设工程设计与预算文件审核批准暂行办法》、《工业与民用建筑设计及预算编制办法》和《工业与民用建筑设计预算编制暂行细则》等一系列法规、文件。国家先后成立了一系列工程标准定额的局和处级管理部门，从组织、技术上健全和完善了我国计划经济模式下的工程概预算制度，基本形成了我国自己的以概预算定额为基础的工程造价管理制度。因此，“一五”时期是我国在计划经济体制下，基本建设程序和工程造价管理制度健康发展的黄金时代。

3. 从1958年到文化大革命开始时期（1958～1966年）

1958年由国家计划委员会、国家经济委员会联合下文，把基本建设预算编制办法、建筑安装预算定额、建筑安装间接费定额的制订权下放给省、市、自治区人民委员会。

1963年国家计委下文明确规定各省、自治区、直辖市制订的建筑安装工程预算定额、间接费定额是各省、自治区、直辖市基本建设的依据，并且取消了按成本计算的2.5%利润，以至取消了定额管理机构，使得工程建设与管理处于极度混乱之中，资源浪费极为严重。无数事实证明，极左思潮带来了严重不良后果。1959年11月国务院财贸办公室、国家计委、国家建委联合做出决定，改变管理体制，收回定额下放过大的权限，实行统一领导下的分级管理体制，由建筑工程部对相关“全国统一消耗定额”进行统一编制和管理，1962年建筑工程部又正式修订颁发了全国建筑安装工程统一的劳动定额。1963～1964年，由于贯彻了“调整、巩固、充实、提高”八字方针，已基本形成和完善了我国计划经济体制下的建设工程定额与工程概预算管理体系。

4. 文化大革命时期（1966～1976年）

文化大革命时期，我国建设工程定额与工程预算管理制度体系再一次遭受到严重的破坏和冲击。工程建设概预算制度和定额管理机构被撤销、概预算人员被强制改行，大量基础资料被销毁，定额和工程概预算被说成“管、卡、压”的工具，“设计无概算、施工无预算、竣工无结算”的状况成为普遍现象。这一时期我国工程建设及其定额、概预算管理受到严重干扰破坏。

5. 党的十一届三中全会以后（1978～1991年）

党的十一届三中全会做出了把全党工作重点转移到经济建设上来的战略决策。1978年4月22日，中共中央、国务院批转国家计委、国家建委、财政部《关于加强基本建设管理的几项规定》、《关于加强基本建设程序的若干规定》等文件，同年建筑工程总局颁发1979年《建筑安装工程统一劳动定额》，各省、市、自治区于1980年在国家建委统一组织和领导下，再度按社会平均水平修改和制订了建筑工程土建预算定额，并恢复了按工程预算成本的2.5%计取利润的制度。1983年国家计委成立了基本建设标准定额研究所、基本建设标准定额局，以加强对工程造价工作的组织领导。改革开放十多年来，我国颁布了大量关于工程造价管理的文件、工程概预算定额、工程造价管理方法、工程项目财务与经济评价方法和参数等一系列指南、法规和文件。同时还大力编制和推行建设工程造价管理系列软件，使信息技术和造价管理软件得到了较为广泛的运用，使我国工程造价管理理论和实践获得较快的发展。

1.1.2 建设工程计价办法的改革

1. 计价办法的改革探索

近几年我国一些省市工程造价管理部门积极开展改革探索，其中上海、天津、杭州、厦门和顺德五个省市的改革引起了广泛的关注。

上海市1993年编制了综合定额，相当于概算定额。自1996年推行工程量清单以后，定额站很快就感到该定额已经不能满足市场需要，1998年起对综合定额进行了修编。修编后的新定额相当于预算定额，比1993定额项目划分更细，但没有法定性，不配单价。费用部分不再称为定额，也不作费率规定，仅对其制定了计算内容、方法等规则。

杭州市自2000年4月开始试行建筑工程的“无标底”招标投标管理，实质上是推行实物工程量清单招标投标。定额的作用由编制标底的依据，变为衡量报价是否合理的依据。

厦门市自1996年开始采用实物清单报价方式改革，结合厦门市的实际情况，以福建省定额为基础，组织编制了《厦门市建筑工程单位综合价格》，与传统定额估价表的不同之处是单价中包含了直接费、间接费、利润，同时保留了部分费用另列在外。

天津市自1998年开始筹备改革工程计价模式，1999年10月正式推出2000版《天津市建筑工程预算基价》及配套文件和资料。这一次改革将“定额估价表”改名为“预算基价”，取消了传统的“定额”这极具法定意味的词。同时将过去的定额计价“依据”作用改成了计价“基础”作用，并对“费用”部分进行了重大改革。

顺德虽然是一个县级市，但2000年年产值达700亿元以上，年固定资产投资额约70亿元左右，建筑业早在1993年就已完成改制，改革的驱动性较强、后顾之忧较少。该市的改革目标是根据市场经济的发展需求，参照国际惯例，在统一工程量计算规则、消耗量定额基础上，遵循价值规律，建立有利于市场经济发展、有利于政府工程造价的宏观调控、有利于维护建设各方面合法权益、以市场形成价格为主的价格机制。该市的改革思路是“控制量，放开价，由企业自主报价，最终由市场形成价格”。新方法的工程造价由实物工程量乘以综合单价、开办费、行政事业性收费和税金四大部分构成，价格由市场决定。正式引进了“开办费”的概念，对定额的地位和作用明确为“一种信息，首先是生产要素的量的消耗标准，代表着目前社会平均生产水平，为工程造价计价提供参考”；“是建立企业定额和作为工程计价的计算基础”；“同时也是调解和处理工程造价纠纷的重要依据、是询标过程中衡量消耗量合理与否的主要参考指标，也是合理确定行业成本的重要基础”。改革后，该市的报价方法与国际惯例基本一致，不同之处是以消耗量定额为依托，编制的“报价指引”与消耗量定额接口，并开发了配套的计算机软件。

由以上省市的改革可以看出：一是推行工程量清单计价是工程造价管理体制改革的方向和必由之路；二是定额应该改革，以积极的方式适应市场经济需要，定额计算造价的作用不应该是法定性，而是具有十分重要的指导性和参考性。至此，我国工程造价改革已由探索阶段逐步走向成熟。

2. 工程计价办法的全面改革

1992年以后，在前段工程造价改革转换过渡工程概预算机制的基础上，随着我国改革开放力度不断加大，国内经济模式加速向有中国特色的社会主义市场经济转变。从1992年全国工程建设标准定额工作会议至1997年全国工程建设标准定额工作会议期间，是我国推进工程造价管理机制深化改革的阶段。除了坚持“控制过程和动态管理”的思路继续深化外，还使建筑产品在“计量定价”方面能够按照价值原则与规律，把宏观调控与市场调节相结合，提出了“量价分离”的改革方针与原则，即“控制量、指导价、竞争费”的改革设想和实施办法，在合理价格结算方面规定可以采用政府主管部门公布的“信息价”。

建设部1999年1月发布了《建设工程施工发包与承包价格管理暂行规定》，是以发承包价格为管理对象的规范性文件。"规定"发布后，对规范建筑工程发承包价格活动、加强整个工程造价计价依据和计价方法的改革起到了巨大推动作用。2001年10月建设部又发布了第107号部长令《建筑工程施工发包与承包计价管理办法》，明确提出："建筑工程施工发包与承包计价在政府宏观调控下，由市场竞争形成。工程承发包计价应当遵循公平、合法和诚实信用的原则"，并重申了在承发包工程的招标投标中，可以采用工程量清单方法编制标底和投标报价的规定。近几年来，按照这一改革方向，各地在工程承发包、工程量清单计价依据、计价模式与方法、管理方式及其工程合同管理等多方面，进行了许多有益的探索，获得了宝贵经验，在工程发承包计价改革中取得了实效，实行工程量清单计价的条件已基本成熟。建设部于2003年2月发布第119号公告，批准国家标准《建设工程工程量清单计价规范》（GB 50500—2003），2008年7月颁布《建设工程工程量清单计价规范》（GB 50500—2008），2012年12月颁布《建设工程工程量清单计价规范》（以下简称《计价规范》）（GB 50500—2013）及9个专业工程的工程量计量规范。推行工程量清单计价方法不仅是工程造价计价方法改革的一项具体措施，也是有效推行"计价管理办法"的重要手段，是我国工程建设管理体制改革和加入WTO与国际惯例接轨的必然要求，是实现我国深化工程造价全面改革的革命性措施。

1.1.3 国际上工程造价管理的共同特征

国际上工程造价管理与控制主要运用FIDIC（土木工程建筑合同条件），推行限额设计、工程总分包项目体制，施工总分承包商负责施工图的设计，实行工程量清单报价与计价方式，有许多值得我们学习之处。各国的工程造价管理制度具有以下特点：

1. 行之有效的政府间接调控

政府对工程造价采取不直接干预的方式，只是通过税收、信贷、价格、信息指导等经济手段引导和约束投资方向和控制，政府调控市场，市场引导企业，使投资符合市场经济发展的需要，一般实行总分包的工程管理体制。

2. 有章可循的计价依据

由政府颁发统一的工程量计算规则，统一工程量清单计价办法等宏观控制的计价依据。

3. 采用清单计价方式并委托专业咨询公司进行工程计价和控制

专业咨询公司一般都有丰富的工程造价实例资料与其数据库和长期的计价实践经验，有较完善的工程计价信息系统和技术势力及手段。

4. 多渠道的工程造价信息

一般都是由政府颁布多种造价指数、价格指数或由有关协会和咨询公司提供价格和造价资料，供社会享用，形成及时、准确、实用的工程造价信息网，适应市场经济条件下的快速、高效、多变的特点，满足了工程计价工作对价格信息的需要。

5. 形成了工程总包与分包的项目管理体制

由施工承包商承担施工图设计，有利于设计与施工的有机结合，充分发挥技术优势，降低工程造价。

1.2　我国建筑工程计价办法

1.2.1　建设项目及其组成

1. 建设项目概念

建设工程属于固定资产投资对象，一般包括建筑工程、安装工程、市政工程、园林工程以及公路、铁路、矿山、码头等专用工程。

固定资产的建设活动一般是通过具体的建设项目实施的。建设项目就是一项固定资产投资项目，是将一定量的资金，在一定的约束条件下，按照一个科学的程序，经过决策和实施，最终形成固定资产特定目标的一次性建设任务。建设项目应满足下列要求：技术上满足在一个总体设计或初步设计范围内；构成上由一个或几个相互关联的单项工程所组成；在建设过程中，实行统一核算、统一管理。一般以建设一个企业、事业单位或一个独立工程作为一个建设项目，如一座工厂、一所学校、一条公路、一个住宅小区等均为一个建设项目。建设项目的工程造价（或称工程总造价），一般是通过编制工程估算、设计总概算（预算）或修正设计概算（预算）来确定。

2. 建设项目的组成

(1) 单项工程：单项工程（或称工程项目）是指具有独立设计、独立施工，建成后能够独立发挥生产能力或工程效益的工程项目。它是建设项目的组成部分。如学校中的一座教学楼、图书馆、餐厅等均为一个单项工程。单项工程造价可通过编制单项工程综合概（预）算来确定。

(2) 单位工程：单位工程是具有独立设计文件、独立组织施工，但竣工后一般不能独立发挥生产能力或工程效益的工程项目。它是单项工程的组成部分。如学校中教学楼单项工程，一般包括土建、给水排水、电器照明、采暖等若干单位工程。单位工程造价可通过编制施工图预算（或单位工程设计概算），或工程量清单计价确定。

(3) 分部工程：分部工程是单位工程的组成部分。它是按照建筑物或构筑物的结构部位或主要的工种工程划分的工程分项，如基础工程、砌筑工程、钢筋混凝土工程、楼地面工程、屋面工程等。分部工程费用是单位工程造价的组成部分，也是按分部分项工程发包时确定承发包合同价的基本依据。

(4) 分项工程：分项工程是分部工程的组成部分，一般是在一个分部工程中，按照不同的施工方法、不同的材料、不同的结构构件等因素所划分的施工分项。如现行消耗量定额中，砌筑分部工程又分砌普通黏土砖、砌石、砌轻质砖、砌块以及轻体墙板四个分项工程。分项工程还可再细分为子项工程，是定额项目划分的最基本的分项单元。分项工程是概预算分项中最小的分项，能用简单的施工过程去完成，每个分项工程都能用一定的计量单位计算，并能计算出单位数量某分项工程所需耗用的人工、材料和机械台班的数量。

建设项目的划分与相应计价及其概（预）算关系如图1-1所示。

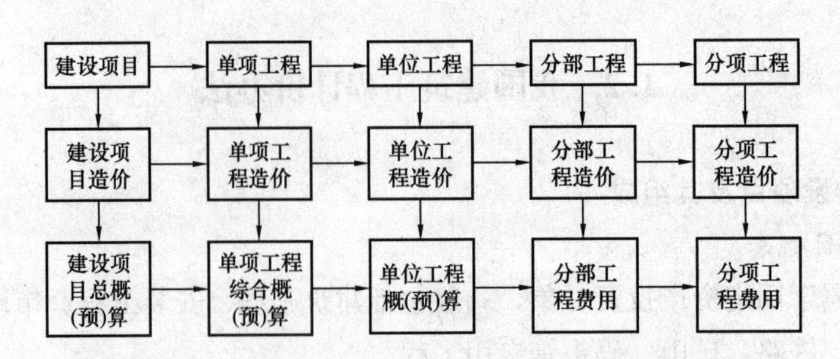

图1-1　建设项目的划分及概（预）算关系

1.2.2　建设工程造价的分类

建设工程工期长、规模大、造价高，需要按建设程序分段实施。在项目建设过程中，根据建设程序要求和国家有关规定，工程建设的不同阶段要编制不同的计价文件。具体进程如图1-2所示。

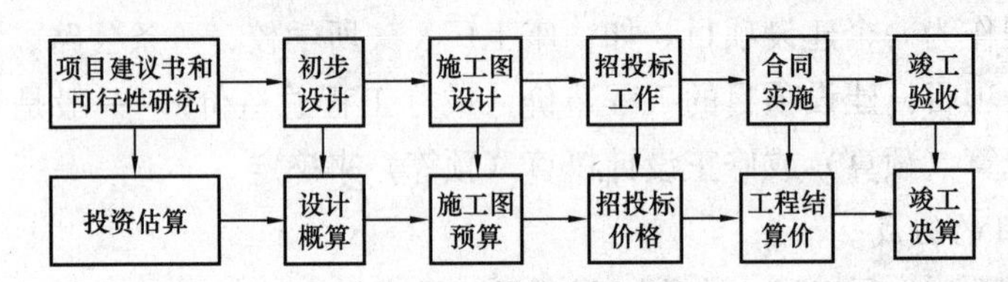

图1-2　建设工程造价分类及具体进程

1. 投资估算

投资估算一般是指在工程项目建设的前期工作（规划、项目建议书和可行性研究）阶段，项目建设单位向国家计划部门申请立项，或国家、建设主体对拟建项目进行决策，确定建设项目在规划、项目建议书和设计任务书等不同阶段的投资总额而编制的造价文件。

2. 设计概算及修正概算

设计概算是设计文件的重要组成部分，它是由设计单位根据初步设计图纸、概算定额或概算指标等技术经济资料，预先确定工程造价的文件。设计概算较投资估算准确性有所提高，但又受投资估算的控制，它包括建设项目总概算、单项工程综合概算和单位工程概算。当采用三段设计时，在扩大初步设计阶段还应编制修正总概算。概算文件除包括建设项目总概算、单项工程综合概算、单位工程概算外，还包括工程建设其他费用概算。

设计概算是确定建设项目从筹建到竣工交付使用全部建设费用的文件，是确定基本建设项目总投资额和控制建设规模的依据；是编制基本建设计划、物资供应计划、劳动力计划和国家财政计划及银行信贷计划的依据；是对建设项目办理拨款贷款的最高控制额度，是监督建设资金合理使用的依据；是实行基本建设投资包干和编制施工图预算的控制依据；是分析考核设计先进性、经济合理性的文件，是进行项目评估的重要资料。

3. 施工图预算

施工图预算是指施工单位在工程开工前，根据已批准的施工图纸、施工组织设计

（或施工方案），按照规定的计算规则和施工图预算编制方法预先编制的工程造价文件。施工图预算造价较概算造价更为详尽和准确，但不能突破概算造价。施工图预算一般以单位工程编制，包括土建工程预算、安装工程预算及室外工程预算等。

施工图预算的作用是具体确定建筑安装工程造价的文件，是发包工程签订承发包工程合同和建设单位（业主）与施工企业（承包商）办理工程价款结算的依据；是业主按照工程进度拨付工程进度款和办理竣工结算的依据；是招标承包和实行预算造价包干的依据，是施工企业对内推行承包经济责任制的参考依据；是施工企业编制施工计划、材料机具计划、劳动力计划、财务计划的重要参考依据；是实行经济核算，考核工程成本和计算完成工作量的基本参考依据。

4. 合同价

合同价是指在工程招投标阶段，通过签订总承包合同、建筑安装工程承包合同、设备材料采购合同，以及技术和咨询服务合同所确定的价格。合同价属于市场价格，它是由承发包双方，即商品和劳务买卖双方，根据市场行情共同议定和认可的成交价格，但它不等于实际工程造价。按计价方式的不同，建设工程合同价一般分为三种类型：即总价合同、单价合同和成本加酬金合同。对于不同类型的合同，其合同价的内涵也有所不同。

5. 结算价

工程结算价是指一项工程完工后，经建设单位及有关部门验收并办理验收手续后，施工企业根据施工图预算、施工过程中现场实际情况的记录、设计变更通知书、现场工程签证，以及造价管理部门发布的价格、费率信息，在结算时按合同调价范围和调价方法，对实际发生的工程量增减、设备和材料差价等进行调整后计算和确定的价格。结算价是该结算工程的实际价格。

6. 竣工决算

竣工决算是指在项目竣工验收后，由建设单位编制的反映建设项目从筹建到建成投产或使用的全过程发生的全部实际成本的技术经济文件，是最终确定的实际工程造价。它是建设投资管理的重要环节，是工程竣工验收、交付使用的重要依据。竣工决算文件包括竣工工程决算表、竣工项目财务决算表、交付使用资产总表和交付使用资产明细表。

不同阶段工程造价文件对比见表1-1。

表1-1　　不同阶段工程造价文件对比

类别＼项目	编制单位	编制阶段	编制依据	用　途
投资估算	建设单位、工程咨询机构	项目建议书、可行性研究	投资估算指标	投资决策
设计概算	设计单位	初步设计、扩大初步设计	概算定额指标	控制投资及造价
施工图预算	施工单位或设计单位、工程咨询机构	施工图设计	预算定额	编制标底、投标报价等

续表

类别＼项目	编制单位	编制阶段	编制依据	用　途
合同价	承发包双方	招投标	预算定额、市场状况	确定工程承发包价格
结算价	施工单位	施工	预算定额、设计及施工变更资料	确定工程实际建造价格
竣工决算	建设单位	竣工验收	设计概算、工程结算、承包合同等资料	确定工程项目实际投资

1.2.3　建筑工程施工发包与承包计价活动

1. 计价活动的范围

国家建设部2001年以“建设部第107号令”颁布的《建筑工程施工发包与承包计价管理办法》以及山东省政府以“鲁政发［2002］41号文”颁布的《山东省建筑工程施工发包与承包计价管理办法》规定，工程发承包计价包括编制施工图预算、招标标底、投标报价、工程结算和签订合同价等活动。

计价管理办法所称建筑工程是指房屋建筑和市政基础设施工程。其中房屋建筑工程，是指各类房屋建筑及其附属设施和与其配套的线路、管道、设备安装工程及室内外装饰装修工程；市政基础设施工程是指城市道路、公共交通、供水、排水、燃气、热力、园林、环卫、污水处理、垃圾处理、防洪、地下公共设施及附属设施的土建、管道、设备安装工程。

2. 计价活动应遵守的原则

(1) 建筑工程施工发包与承包计价活动应当在国家和省的有关法律、法规的范围内进行。

(2) 建筑工程施工发包与承包价在政府宏观调控下、由市场竞争形成。

(3) 工程发承包计价应当遵循公平、合法和诚实信用的原则。

3. 施工图预算、招标标底和投标报价的构成

施工图预算、招标标底和投标报价由成本（直接费、间接费）、利润和税金构成。

4. 施工图预算、招标标底和投标报价的计价编制方法

(1) 工料单价法

分部分项工程量的单价为直接费。直接费以人工、材料、机械的消耗量及其相应价格确定。间接费、利润、税金按照有关规定另行计算。

(2) 综合单价法

综合单价是包括完成分部分项所发生的直接费、间接费、利润、税金等全部费用单价，分部分项工程量的单价为全费用单价。

综合单价应当依据招标文件、施工设计图纸、施工现场条件和统一的工程量计算规则、分部分项工程项目划分、统一的计量单位等进行编制。

1.2.4　影响工程费用的因素

影响工程概预算费用或建设项目投资的因素很多，主要因素有政策法规因素、地区

性与市场性因素、设计因素、施工因素和编制人员素质等五个方面。

1. 政策法规因素

基本建设和建筑产品价格的确定属国家、企业和事业单位新增固定资产投资的经济范畴。在我国社会主义市场经济条件下，既有较强的计划性，又必须服从市场经济的价值规律，是计划性与市场性相结合条件下的投资经济活动。国家和地方政府部门对于基本建设项目的报批、审查、基本建设程序，及其投资费用的构成、计取等，都有严格而明确的规定，具有强制的政策法规性。

2. 地区性与市场性因素

建筑产品的价值是人工、材料、机械投入的结果。不同的地区和市场条件，对上述投入条件和工程造价的形成都会带来直接的影响，如当地技术协作、物资供应、交通运输、市场价格和现场施工等建设条件，以及当地的企业定额水平，都将影响到概预算的价格。

3. 设计因素

设计图纸是编制概预算的依据之一。设计是在建设项目决策之后的实施过程中影响建设投资的最大因素，优化设计方案，实行限额设计是控制工程造价的关键。

4. 施工因素

施工因素的影响主要体现在施工组织设计及施工管理方面。施工组织设计（或施工方案）和施工技术、环保、安全措施等，也同施工图纸一样，是编制工程概预算的重要依据之一。

5. 编制人员素质因素

工程概预算的编制，是一项十分复杂而细致的工件。特别是我国推行工程量清单计价办法后，对工程造价编制和管理人员提出了更高的要求。要求工程造价人员首先要具有从事该项工作的相应资质，有强烈的责任感，政策观念强，知识面宽，不但应具有建筑经济学、投资经济学、价格学、市场学等理论知识，而且要有较全面的专业理论与专业知识，如工程识图、建筑构造、建筑结构、建筑施工、建筑设备、建筑材料、建筑技术经济与建筑经济管理等理论知识以及相应的实际经验；充分熟悉有关概预算编制的政策、法规、制度、计价依据相关的动态信息等。

通过对影响因素的分析，说明建筑工程概预算的编制和管理，具有与其他工业产品定价不同的特征，如政策法规性、计划与市场的统一性、单个产品定价和多次定价性和动态性等。

1.3 山东省建筑工程计价依据

1.3.1 计价依据概述

1. 编制背景及过程

在社会主义市场经济初始阶段，以鲁建标字［1996］54 号文颁发的建筑、安装工程综合定额，虽然在合理确定工程造价，有效控制基本建设投资，维护建设主体各方的合法权益方面发挥了重要作用，但仍未能从真正意义上按照价值规律办事，由市场形成工程造价。随着社会主义市场经济的不断发展，特别是我国加入WTO以后，我国的经济建设已融入世界经济之中。为了使计价模式与规则适应社会主义市场经济需要，逐步与国际惯例接轨，充分发挥市场机制作用，建立公平竞争、市场形成建设工程造价的运行机制，达到合理确定和有效控制工程建设投资的目的，维护与建立公开、公平、竞争的建设市场经济秩序，保障工程建设各方的合法权益，提升企业的竞争优势，推动建设事业的发展，山东省建设厅专门成立了山东省建筑安装工程计价依据编制委员会，组织有关专家，自1999年开始，通过广泛调查研究，召开多种形式的研讨会，掌握了大量的现实情况后，经过反复研究，编写了计价依据编制工作大纲，确定了计价依据的定位、作用、编制原则、内容及其结构形式以及组织机构、进度计划等，形成了《山东省建筑安装工程计价依据编制工作方案》。

自2000年8月，按照先定额后规则、再费用，最后工程量清单项目的编制顺序进入实质性编制阶段。历时近两年时间，编制了山东省建筑工程计价依据和山东省安装工程计价依据。省建设厅以鲁建标字［2003］3.4.5号、鲁标定字［2003］6号文正式发布，自2003年4月1日起施行。

2005年，《山东省园林绿化工程消耗量定额》、《山东省园林绿化工程量清单计价办法》、《山东省市政养护维修工程消耗量定额》、《山东省建筑智能化系统设备安装工程消耗量定额》、《山东省安装工程工程量清单计价办法（补充部分）》颁发执行。

2011年4月，山东省住房和城乡建设厅（鲁建发［2011］3号文）发布了《山东省建设工程工程量清单计价规则》、《山东省建设工程费用项目组成及计算规则》、《山东省建设工程价目表》、《山东省建设工程价目表材料和机械单价》，于2011年8月1日起正式实施。

新的计价依据的颁发，是我省面向工程建设市场进行工程造价管理改革的一个新举措，是工程计价模式的重大变革。

2. 计价依据编制指导思想与原则

(1) 指导思想

1) 以邓小平理论和十六大精神为指针，认真贯彻执行有关法律法规，按照社会主义市场经济规律，编制出有利于市场公平竞争、优化企业管理、确保工程质量和施工安全的工程计价标准；

2) 为全面推进工程造价运行机制和管理体制的改革，向国际惯例靠拢，建立符合社会主义市场经济发展要求的工程造价运行体系创造条件。

(2) 编制原则

1) 实事求是，稳步推进计价模式与管理方式改革；

2) 建设主体各方依据计价规则，自主约定工程造价；

3) 维护各方合法权益，确保工程质量；

4) 计价依据的编制要与工程量清单计价紧密结合；

5）消耗量定额水平坚持社会平均水平；

6）积极推广应用新技术、新工艺、新材料、新设备，反映时代特点。

3. 编制的依据

(1) 中华人民共和国建筑法；

(2) 中华人民共和国招投标法；

(3) 中华人民共和国价格法；

(4) 中华人民共和国合同法；

(5) 国务院第279号令《建设工程质量管理条例》；

(6) 建设部第107号令《建设工程施工发包与承包管理办法》；

(7) 山东省人民政府第132号令《山东省建筑安全生产管理规定》；

(8) 山东省人民政府办公厅鲁政发［1995］77号文《关于改革山东省建筑企业劳动保险费用提取办法的报告》；

(9) 山东省建设厅鲁建发［2002］41号文《山东省建筑工程施工发包与承包计价管理办法》；

(10) 工程建设国家标准、行业标准、规范；

(11)《全国统一建筑工程基础定额》、《全国统一建筑装饰装修工程消耗量定额》（建筑工程），《全国统一安装工程预算定额》1986年版、2000年版及其相关资料（安装工程）；

(12) 山东省地方标准、建筑标准设计图集；

(13)《山东省建筑工程综合定额》（建筑工程），《山东省安装工程综合定额》（安装工程）及各市一次性补充定额资料；

(14) 有代表性的各类工程设计文件及其有关技术资料；

(15) 其他有关法律、法规、政策及有关规定与资料。

1.3.2 计价依据简介

1. 计价依据的组成

山东省工程计价依据包括建筑工程、安装工程、装饰装修工程、市政工程、园林绿化工程等部分，各部分又由以下部分组成。

(1) 工程费用及计算规则；

(2) 工程量计算规则；

(3) 工程消耗量定额；

(4) 工程价目表；

(5) 工程量清单计价规则；

(6) 工程计价应用软件。

2. 山东省建筑安装计价依据简介

(1) 工程费用项目构成及计算规则

工程费用项目构成及计算规则是工程计价依据的核心部分，它明确并统一了建设工程实施阶段的各项费用项目的构成，同时也制定了各项费用的计算方法和计算公式，以规范建设工程费用计算行为。凡在山东省行政区域内一般工业与民用建筑工程的新建、扩建和改造工程的计价活动，都应依据费用计算规则确定的内容和方法进行。

费用计算规则由总说明、工程费用项目组成、工程费用计算程序及费率和工程类别划分等部分组成。

(2) 工程量计算规则

工程量计算规则是对工程消耗数量的计算方法及其计量单位的统一规定。工程消耗数量是设计文件中可读数量，经审定的施工组织设计或施工技术措施方案可计算的量，经审定的其他有关技术文件中工程数量。建设主体各方依据统一的工程量计算规则，计算分部分项实体工程量、技术措施项目工程量，再套用工程消耗量定额或企业定额，计算出工程所耗用的人工、材料、机械消耗数量。

工程量计算规则与消耗量定额配套使用。适用范围与消耗量定额一致，具体内容与消耗量定额各册、章项目名称及顺序对应一致。

(3) 消耗量定额

消耗量定额是指在正常施工条件下完成规定计量单位合格的分部分项工程所需工、料、机的消耗量标准。消耗量定额反映了我省目前的社会平均生产力水平。消耗量定额由总说明、册说明、目录、各章说明、定额表及附录组成。建筑、安装工程消耗量定额表形式见表 2-8 和表 2-9。

消耗量定额适用于一般工业与民用建筑安装工程的新建、扩建和改建工程及新装饰工程。消耗量定额是我省统一建筑安装工程分部分项工程项目划分及名称、计量单位的依据；是招投标工程编制标底的依据；是编制施工图预算的基础。

(4) 工程价目表

价目表是以消耗量定额的人工、材料、机械数量，乘以综合取定的价格计算而成。价目表中的定额编号及名称与消耗量定额相对应。

建筑工程价目表中列有基价、人工费、材料费、机械费。

安装工程价目表列有基价、人工费、材料费、机械费及未计价材料的消耗量。价目表中人工、材料、施工机械价格属于省统一发布的工程价格信息，可作为招标工程编制标底的依据，作为其他计价活动的参考。建筑、安装工程价目表形式见表 2-11 和表 2-12。

(5) 工程量清单计价规则

为解决“工程量清单编制难、工程量清单计价难”的问题，山东省建设厅根据国家标准《建设工程工程量清单计价规范》和我省现行有关消耗量定额，组织制订了实施细则。2004 年、2005 年根据 03 计价规范颁布了《山东省建筑、装饰、安装、市政、园林绿化工程工程量清单计价办法》。2011 年又根据 08 计价规范颁布了《山东省建设工程工程量清单计价规则》(简称《计价规则》)，与本规则配套的《山东省建筑、装饰、安装、市政、园林绿化工程工程量清单项目设置和计算规则》另行发布，未发布前，仍执行 2004、2005 年的《山东省建筑、装饰、安装、市政、园林绿化工程工程量清单计价办法》第五部分“分部分项工程量清单项目设置及其消耗量定额”，其他部分内容停止使用。计价规则包括“计价规范”的全部内容，但更具体化，有可操作性，用大家熟悉的“定额计价方法”解决工程量清单及计价，能比较好地解决工程量清单编制难、工程量清单计价难的问题。《建设工程工程量清单计价规范》是根据《中华人民共和国招投标法》、建设部第107号令《建筑工程施工发包与承包计价管理办法》等法规和规定，按照我国工程造价管理现状，总结有关改革的要求，本着国家宏观调控、市场竞争形成价格的原则制定的，是深化我国工程造价管理改革的重要举措。第一版于2003年2月颁发，第二版于2008年7月颁发，第三版于2012年12月颁发，2013年7月1日起施行。

《计价规则》由总则、术语、工程量清单的编制、工程量清单计价、工程量清单计价表格等5部分组成。

(6) 工程计价应用软件

新的计价依据的颁发，是我省面向工程建设市场进行工程造价管理改革的一个新举措，是我国几十年工程计价模式的重大改变，对工程计价工作提出了更高要求。尤其是这次计价依据是量价分离的，计量和计价项目分的更细，要求更具体、准确、快速，并要求建设主体各方依照市场信息价格计算出单位工程的实际价格。计算这些量和价，没有计算机工程计量与计价应用软件的辅助，是很难完成的。

小 结

通过本章学习，了解我国建设工程计价办法的形成与改革过程、改革思路以及国际上工程造价管理的共同特征，对工程计价活动有一个总体了解。学习本章的重点是掌握我国建设工程计价办法，包括建筑工程施工发包与承包计价活动的范围、建筑工程施工发包与承包计价活动应遵循的原则、我国建筑工程计价方法、影响工程费用的因素、山东省计价依据编制指导思想、原则以及山东省计价依据的作用和组成。

学习本章内容要与《建筑工程造价管理》课程内容结合起来，相互补充、理解。了解建设工程、建筑工程、安装工程、装饰装修工程、市政工程、建设项目、单项工程、单位工程、分部工程、分项工程、工程概预算、工程计价、计价依据、计价办法、工程施工发包与承包、招标标底和投标报价等概念内涵。

思考与练习

1.1 简述建设工程造价改革的必要性及其意义。

1.2 简述建设工程造价改革的阶段及基本思路。

1.3 简述国际上工程造价管理的共同特征。

1.4 建设项目是如何分解的以及相互关系如何?

1.5 简述工程造价的分类及编制内容。

1.6 简述建筑工程施工发包与承包计价活动的范围。

1.7 简述建筑工程施工发包与承包计价活动应遵循的原则。

1.8 简述施工图预算、招标标底和投标报价的计价编制方法。

1.9 简述影响工程费用的因素。

1.10 简述山东省计价依据编制指导思想、原则和组成。

第2章 建设工程定额

2.1 概述

2.1.1 定额的概念

建设工程定额是指在正常施工条件下，完成一定计量单位的合格产品所必须消耗的人工、材料和施工机械台班的数量标准。正常施工条件是指生产过程按施工工艺和施工验收规范操作，施工环境正常，施工条件完善，劳动组织合理，材料符合质量标准和设计要求并储备合理，施工机械运转正常等。

建设工程定额依据现行国家标准、设计规范、施工及验收规范、技术操作规程、质量评定标准和安全操作规程，并参考了有代表性的工程设计、施工资料，按大多数施工企业采用的施工方法、机械化装备程度、合理的工期、施工工艺和劳动组织条件进行编制。在上述前提下，定额确定了完成单位合格产品的人工消耗量、材料消耗量、施工机械台班和仪器仪表台班消耗量，同时规定了应完成的工作内容和安全质量要求。

定额是科学发展的产物，它为企业科学管理提供了基本数据，成为实现科学管理的必备条件。它反映了建筑产品生产和生产消耗之间的关系。它的任务是研究建筑产品生产和生产消耗之间的内在关系，以便认识、掌握其运动规律，把建筑生产过程中投入的巨大人力、物力科学地、合理地组织起来，在确保安全生产的前提下，以最少的人力、物力消耗生产数量更多、质量更好的建筑产品。

2.1.2 建设工程定额的分类

建设工程定额种类很多，可分别按照生产要素、编制程序和用途、专业、管理层次和执行范围，对其进行分类，如图 2－1 所示。

1. 按生产要素分类

生产要素主要是指生产工人（劳动者）、生产工具和机械设备（劳动手段）、建筑材料和预制构件（劳动对象）等。为适应建筑安装生产活动的需要，按照这三个要素编制的定额有劳动定额、材料消耗定额和机械台班使用定额。它们是其他定额的基础，也是其他定额的基本组成部分。

2. 按照编制程序和用途分类

定额可分为施工定额、预算定额、概算定额和概算指标。

3. 按专业分类

定额可分为建筑工程定额、安装工程定额、市政工程定额等。

4. 按管理层次和执行范围分类

定额可分为全国统一定额、地方定额、行业定额、企业定额。

(1) 全国统一定额。是由国家建设行政主管部门综合全国的工程建设生产技术和施工组织管理情况所编制的定额，并在全国范围内执行。如《全国统一安装工程预算定额》。

(2) 地方定额。是根据地区特点并参照国家统一定额水平编制的，只在规定的地区范围内使用。如《山东省建筑工程消耗量定额》、《山东省安装工程消耗量定额》等。

(3) 行业定额。是根据各行业部门专业工程技术特点和行业的施工特点并参照国家统一定额水平编制的，一般只在本专业范围内使用。如《铁路建筑工程定额》。

(4) 企业定额。是指建筑安装企业根据本企业的具体情况，参照国家或地方定额水平制定的定额，仅在企业内部使用。

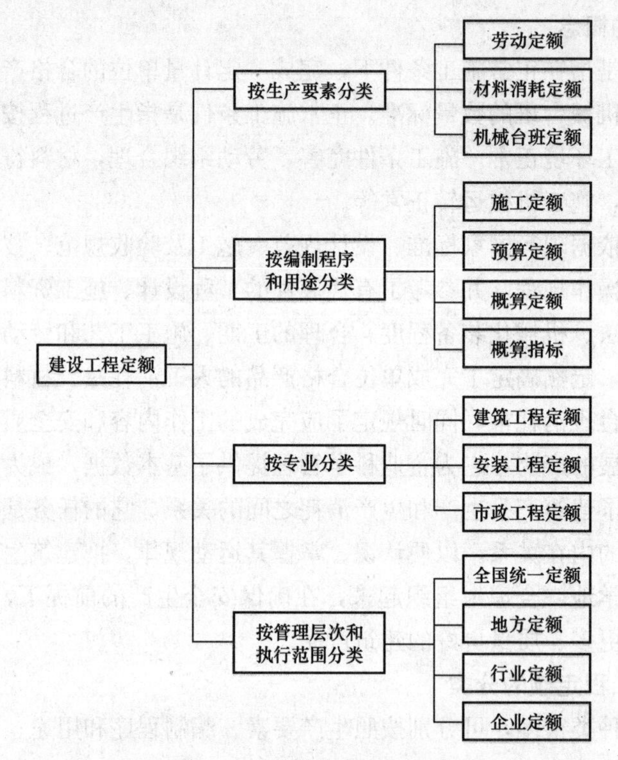

图 2-1　建设工程定额分类

2.1.3　定额的特性

1. 定额的科学性和群众性

各类定额都是在当时的实际生产力水平条件下，是在实际生产中大量测定、综合、分析研究、广泛搜集统计信息及资料的基础上，运用科学的方法制定的。定额的编制采用工人、技术人员和定额专职人员相结合的方式，因此，它不仅具有严密的科学性，而且具有广泛的群众基础，定额来自群众，又贯彻于群众。

2. 定额的法令性与指导性

为了适应工程造价改革的要求，按照“控制量、指导价、竞争费”的改革思路，实行企业自主报价，市场定价。但企业自主报价不等于放任不管，市场定价也必须遵守相应的法律法规，加强政府宏观调控和部门动态监管。制定统一的计价规范，如“清单计价规则”中规定了“五统一”，对全部使用国有资金或国有资金为主的大中型建设工程应按“清单计价方法”规定执行等。

定额的指导性表现为在目前企业定额还不完善的情况下，为了规范工程计价行为，有利于市场公平竞争，优化企业管理，确保工程质量和施工安全，企业可按照定额规定，进行自主报价。企业应在消耗量定额的基础上，自行编制企业定额，逐步走向市场化，与国际计价方法接轨。

3. 定额的可变性与相对稳定性

定额水平的高低，是根据一定时期社会生产力水平确定的。随着科学技术的进步，社会生产力的水平必然提高，当原有定额不能适应生产需要时，就要对它进行修订或补充。但社会生产力的发展有一个由量变到质变的过程，因此定额的执行也有一个相应的时间过程。所以，定额既有明显的时效性，又有一个相对稳定的执行期间。

2.1.4 定额制定的基本方法

建设工程定额的制定方法主要有经验估计法、统计分析法、比较类推法和技术测定法。上述四种方法各有优缺点，实际使用时可以将其结合起来，互相对照和参考。在修订定额时，常常采用统计分析法和经验估计法。

2.2 施工定额

2.2.1 概述

1. 施工定额的概念

施工定额是在正常施工条件下，以施工过程为标定对象而规定的生产单位合格产品所需消耗的人工、材料、机械台班的数量标准。

施工定额是直接用于建筑施工管理的定额，它由劳动定额、材料消耗定额和机械台班使用定额三部分组成。

2. 施工定额的作用

施工定额是企业内部使用的定额，它使用的目的是提高企业劳动生产率，降低材料消耗，正确计算劳动成果和加强企业管理。

(1) 施工定额是编制施工预算，加强企业成本管理和经济核算的依据；

(2) 施工定额是企业编制施工组织设计的依据；

(3) 施工定额是与施工队或工人班组签发施工任务单的依据；

(4) 施工定额是计件工资和超额奖励计算的依据；

(5) 施工定额是作为限额领料和节约材料奖励的依据；

(6) 施工定额是编制预算定额的基础。

施工定额是以工作过程为制定对象，定额的制订水平是以“平均先进”为原则，在内容和形式上应满足施工管理中的各种需要，便于应用。制订方法要通过实践和长期积累的大量统计资料，应用科学的方法编制。

目前全国尚无统一施工定额，各省、市、自治区及专业部门多以全国统一的劳动、材料、机械台班定额为基础，结合现行的质量标准、规范和规定及本地区、本部门的技术组织条件，并参照历史资料进行调整补充，编制自己的施工定额。

施工定额主要由文字说明、分节定额和附录三部分组成。分节定额包括定额的文字说明、定额表和附注，其结构形式见表 2-1。

表 2-1　建筑安装工程施工定额表

墙基

① 工作内容：包括砌砖、铺灰、挂线、吊直、找平、检查皮数杆、扫清落地灰及工作前清扫灰尘等工作。

② 质量要求：墙基两侧所出宽度必须相等，灰缝必须平正均匀，墙基中线位移不得超过 10mm。

③ 施工说明：使用铺灰扒或铺灰器，实行双手挤浆。

每 $1m^3$ 砌体的劳动定额与单价

项　目	单 位	1 砖墙	1.5 砖墙	2 砖墙	2.5 砖墙	3 砖墙	3.5 砖墙
		1	2	3	4	5	6
小组成员	人	三-1 五-1	三-2 五-1	三-2 四-1 五-1		三-3 四-1 五-1	
时间定额	工日	0.294	0.244	0.222	0.213	0.204	0.918
每日小组产量	m^3	6.80	12.30	18.00	23.50	24.50	25.30
计件单价	元						

每 $1m^3$ 砌体的材料消耗量

项　目	单 位	1 砖墙	1.5 砖墙	2 砖墙	2.5 砖墙	3 砖墙	3.5 砖墙
砖	块	527.00	521.00	518.80	517.30	516.20	515.20
砂 浆	m^3	0.2522	0.2604	0.2640	0.2663	0.2680	0.2692

2.2.2　劳动定额

1. *劳动定额的概念*

劳动定额也称人工定额，它是在正常的施工技术组织条件下，完成单位合格产品所必需的劳动消耗量标准。

劳动定额是表示建筑安装工人劳动生产率的一个先进合理的指标，反映了劳动生产率的社会平均先进水平。

2. *劳动定额的表现形式*

劳动定额的表现形式可分为时间定额和产量定额两种。

(1) 时间定额

时间定额是指在一定的生产技术和生产组织条件下，某工种、某种技术等级的工人小组或个人，完成单位合格产品所必须消耗的工作时间。定额的工作时间包括工人的有效工作时间、必需的休息时间和不可避免的中断时间。

时间定额以工日为单位，每个工日的工作时间按 8 小时计算，计算公式如下：

$$\text{单位产品的时间定额(工日)}=\frac{1}{\text{每工产量}}$$

或

$$\text{单位产品的时间定额(工日)}=\frac{\text{小组成员工日数总和}}{\text{台班产量}}$$

(2) 产量定额

产量定额是指在一定的生产技术和生产组织条件下，某工种、某种技术等级的工人小组或个人，在单位时间内完成合格产品的数量。其计算公式如下：

$$产量定额=\frac{1}{单位产品时间定额}$$

或

$$台班产量=\frac{小组成员工日数总和}{小组完成单位产品的时间定额}$$

（3）产量定额与时间定额的关系

产量定额是根据时间定额计算的，两者互为倒数关系，即

$$时间定额\times产量定额=1$$

或

$$时间定额=\frac{1}{产量定额}，产量定额=\frac{1}{时间定额}$$

时间定额和产量定额是同一劳动定额的不同表现形式，但其用途却不相同。前者以单位产品的工日数表示，便于计算完成某一分部（项）工程所需的总工日数，便于核算工资，便于编制施工进度计划和计算分项工期。后者是以单位时间内完成的产品数量表示，便于小组分配施工任务，考核工人的劳动效率和签发施工任务单。

例如，按我国1994年制订、1995年1月1日实施的《全国建筑安装工程统一劳动定额》规定，人工挖二类土方，时间定额为每立方米耗工0.192工日，记作0.192工日/m^3。每工日的产量定额就是$\frac{1}{0.192}=5.2m^3$，记作$5.2m^3$/工日。

1995年的《全国建筑安装工程统一劳动定额》改革了劳动定额形式和结构编排，推选标准化管理，采用了两套标准系列，即建筑安装工程劳动定额、建筑装饰工程劳动定额，并分别编写了标准编制说明。该定额改变了传统的复式定额的表现形式，全部采用单式，即用时间定额（工日/××）表示。表2－2为砖墙劳动定额。

表2－2　砖墙劳动定额

砖墙

工作内容：包括砌墙面艺术形式、墙垛、平旋模板、梁板头砌砖、梁下塞砖、楼棱间砌砖、留楼梯踏步斜槽、留孔洞、砌各种凹进处、山墙泛水槽、安放木砖、铁件、安放60kg以内的预制混凝土门窗过梁、隔板、垫块，以及调整立好后的门窗框等。

表A　工日/m^3

序号	项目		双面清水			单面清水				
			1砖	1.5砖	2砖及2砖以外	0.5砖	0.75砖	1砖	1.5砖	2砖及2砖以外
一	综合	塔吊	1.27	1.20	1.12	1.52	1.48	1.23	1.14	1.07
二		机吊	1.28	1.48	1.41	1.33	1.73	1.69	1.44	1.35
三	砌砖		0.726	0.653	0.568	1.00	0.956	0.684	0.593	0.52
四	输	塔吊	0.44	0.44	0.44	0.434	0.437	0.44	0.44	0.44
五		机吊	0.652	0.652	0.652	0.642	0.645	0.652	0.652	0.652
六	调制砂浆		0.101	0.106	0.107	0.085	0.089	0.101	0.106	0.107
	编号		4	5	6	7	8	9	10	11

注　砌外墙不分里外架子，均执行本标准。

【例 2－1】 按 1995 年 1 月 1 日实施的《全国建筑安装工程统一劳动定额》规定计算某基槽人工挖二类土，土方量为 $200m^3$，由 8 名工人组成的施工班组施工，完成该土方工程的总工日数、挖土天数及班组每工产量。

【解】 由 1995 年《全国建筑安装工程统一劳动定额》可知，人工挖二类土方，时间定额为 $1m^3$ 耗工 0.192 工日，则

$$总工日数=200\times0.192=38.4(工日)$$

$$挖土天数=38.4/8\approx5(天)$$

$$班组每工产量=5.2\times8=41.6(m^3)$$

3. 劳动定额的作用

劳动定额反映产品生产中劳动消耗的数量标准，其作用主要表现在组织生产和按劳分配两个方面。

(1) 劳动定额是制定施工定额和预算定额的基础；

(2) 劳动定额是计划管理下达施工任务的依据；

(3) 劳动定额是作为衡量工人劳动生产率的标准；

(4) 劳动定额是按劳分配和推行经济责任制的依据；

(5) 劳动定额是推广先进技术和劳动竞赛的基本条件；

(6) 劳动定额是建筑企业经济核算的依据；

(7) 劳动定额是确定定员编制与合理劳动组织的依据。

4. 工作时间分析

由于工人工作和机械工作的特点不同，工作时间应按工人工作时间和机械工作时间两部分进行分析。

(1) 人工工作时间分析如图 2－2 所示。

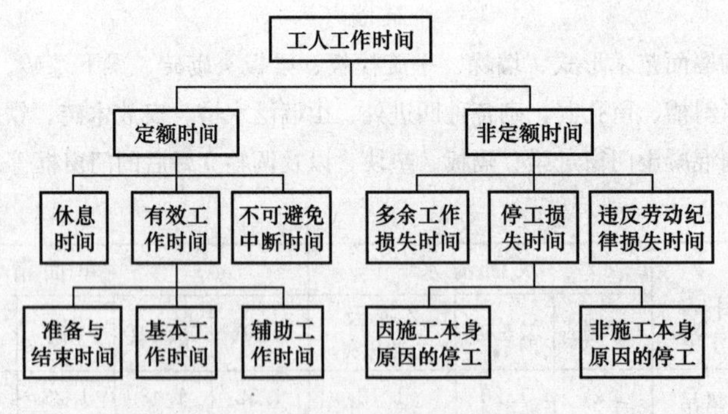

图 2－2 人工工作时间分析图

(2) 机械工作时间分析如图 2－3 所示。

5. 施工过程的组成

施工过程是在施工现场范围内所进行的建筑安装活动的生产过程。施工过程分为复合过程、工作过程、工序、操作和动作。其中：

复合过程是由几个工作过程所组成，如抹灰工程、砌墙工程等都是复合过程；工作

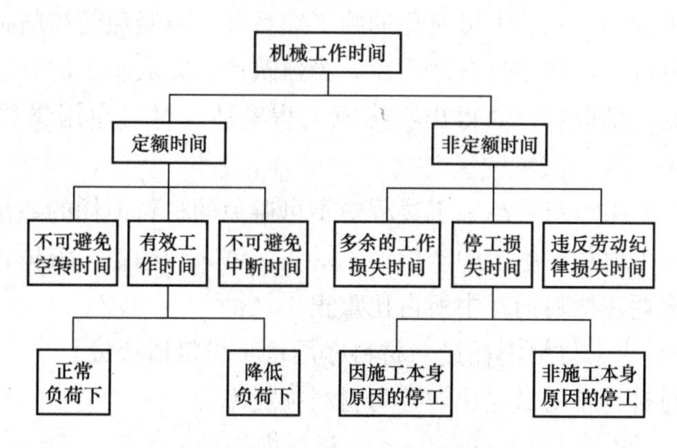

图2-3　机械工作时间分析图

过程是由同一工人（小组）所完成的在技术操作上相互联系的工序的组合，如砌砖、拌制砂浆等都是工作过程；工序是在组织上不可分割，而技术上属于同类操作的组合。工序的基本特点是工人、工具和材料固定不变，如砌墙中铺灰、摆砖等都属于工序；操作是工序的组成部分，如铺灰工序 可分解为铲灰、摊灰两项操作；动作是一次性的，是操作的组成部分，如铲灰操作可分为拿铲、铲灰、抛灰等动作。

2.2.3　材料消耗定额

1. 材料消耗定额概念

材料消耗定额是指在正常施工、合理用料的条件下，生产单位合格产品所必须消耗的一定品种和规格的建筑材料、半成品或配件的数量标准。

在建筑工程中，材料费用占整个工程费用的60%～70%。材料消耗量的多少，对工程造价有着直接的影响。用科学的方法合理地确定材料消耗定额，就可以保证材料的合理供应和合理使用，减少材料的浪费、积压或供应不及时的现象发生，对合理使用和节约材料、降低工程成本和确保施工的正常进行都具有重要意义。

2. 材料消耗定额的组成

工程施工中所消耗的材料，按其消耗的方式可以分成两类，一类是在施工中一次性消耗的、构成工程实体的材料，如砌筑砖砌体用的各类砖，浇筑混凝土构件用的混凝土等，一般把这类材料称为实体材料或非周转性材料。另一类是在施工中周转使用，一般不构成工程实体，它是为有助于工程实体形成而使用的材料，其价值是分批分次地转移到工程中去的，如砌筑、浇筑用的脚手架、浇筑混凝土用的模板等，一般把这类材料称周转性材料。

（1）实体性材料

施工中实体性材料的消耗，一般可分为必需消耗的材料和损失的材料两类。其中必需消耗的材料是确定材料定额消耗量必须考虑的消耗。损失的材料是属于施工生产中不合理的耗费，应通过加强管理来避免这种损失，所以在确定材料定额消耗量时一般不考虑损失材料的因素。

必需消耗的材料是指在合理用料的条件下，生产单位合格产品所必需消耗的材料。

它包括直接用于工程的材料、不可避免的施工废料和不可避免的材料损耗。其中直接用于建筑产品的材料数量，称为材料净用量，当建筑产品完成施工后，这部分材料可以在建筑产品上看得见、摸得着、数得出，构成工程实体。材料净用量约占材料消耗量的95％～99％。

材料损耗量，是指建筑产品施工过程中不可避免的材料损耗的数量。例如，混凝土和砂浆不可回收的落地灰，施工中产生的木端头、锯末和刨花，液体材料的落地、飞溅和挥发等，材料损耗在材料消耗中所占比重很小。

$$材料消耗量=材料净用量+材料损耗量$$

材料损耗量与材料净用量之比，称为材料损耗率。

$$材料定额损耗率=\frac{材料损耗量}{材料净用量}\times 100\%$$

材料消耗量还可根据材料净耗量及损耗率来确定，其计算公式为

$$材料消耗量=材料净用量\times(1+材料损耗率)$$

（2）周转性材料

周转性材料在消耗量定额中往往以一次使用量和摊销量表示。

周转性材料的分次摊销量（以现浇混凝土结构木模板为例）按以下公式计算：

1）一次使用量：指为完成定额计量单位产品的生产，一次使用的基本量，即一次投入量。周转性材料一次使用量可以依据施工图计算。

$$一次使用量=每计量单位混凝土构件的模板接触面积\times每平方米接触面积需模板量$$

2）损耗量：周转材料从第二次使用起，每周转一次后必须进行一定的修补加工才能使用。损耗量是指每次加工修补所损耗的木材量。

$$损耗量=\frac{一次使用量\times(周转次数-1)\times损耗率}{周围次数}$$

其中损耗率也称补损率，是指周转性材料使用一次后为了修补难以避免的损耗所需要的材料量占一次使用量的百分数，它随着周转次数的增多而加大，一般用平均损耗率表示。此处损耗率可查表2-3。

$$损耗率=\frac{平均每次损耗量}{一次使用量}\times 100\%$$

3）周转次数：指周转性材料可以重复使用的次数，一般使用统计法或观察法确定，实际使用时可查阅相关手册确定，见表2-3。

表2-3　木模板的有关数据

木模板周转次数	损耗率（％）	K_1	K_2	木模板周转次数	损耗率（％）	K_1	K_2
3	15	0.4333	0.3135	6	15	0.2917	0.2318
4	15	0.3625	0.2726	8	10	0.2125	0.1649
5	10	0.2800	0.2039	8	15	0.2563	0.2124
5	15	0.3200	0.2481	9	15	0.2444	0.2044
6	10	0.2500	0.1866	10	10	0.1900	0.1519

4）周转使用量：指周转材料在周转使用和补损的条件下，每周转一次平均所需的木材量。

$$周转使用量=\frac{一次使用量}{周转次数}+损耗量=一次使用量\times K_1$$

式中 K_1——周转使用系数。

$$K_1=\frac{1+(周转次数-1)\times 损耗率}{周转次数}$$

5）回收量：指周转性材料每周转一次后，可以平均回收的数量。

$$回收量=\frac{一次使用量\times(1-损耗率)}{周转次数}$$

6）摊销量：指周转性材料每使用一次应分摊在单位产品上的消耗数量，既定额规定的平均一次消耗量。

$$摊销量=周转使用量-回收量=一次使用量\times K_2$$

式中 K_2——摊销量系数。

$$K_2=K_1-\frac{1-损耗率}{周转次数}$$

在确定周转性材料摊销量时，其回收部分须考虑材料使用后价值的变化，应乘以回收折价率。同时周转性材料在周转使用过程中，施工单位均要投入人力、物力、组织和管理补修工作，须额外支付施工管理费。为了补偿此项费用和简化计算，一般采用减少回收量，增加摊销量的做法。即

$$\begin{aligned}摊销量&=周转使用量-回收量\times\frac{回收折价率}{1+施工管理费率}\\&=一次使用量\times\left(K_1-\frac{1-损耗率}{周转次数}\times\frac{回收折价率}{1+施工管理费率}\right)\\&=一次使用量\times K_3\end{aligned}$$

式中 K_3——摊销量系数。

$$K_3=K_1-\frac{1-损耗率}{周转次数}\times\frac{回收折价率}{1+施工管理费率}$$

对所有的周转性材料，可根据不同的施工部位、周转次数、损耗率、回收折旧率和施工管理费率，计算出 K_1、K_2 并制成表格。表2-3是木模板的有关数据，供计算时查用。

2.2.4 机械台班使用定额

机械台班使用定额又称机械使用定额，是指施工机械在正常的施工条件下，合理的组织劳动和使用机械，完成单位合格产品所必须消耗的机械作业时间标准。机械台班使用定额以台班为计量单位，工人使用一台机械工作一个班次（8小时）称为一个台班。其表达形式与劳动定额相同，也有时间定额与产量定额两种形式。

1. 机械时间定额

机械时间定额是指某种机械在合理的施工组织和正常施工的条件下，单位时间内，生产某一单位合格产品所必须消耗的机械台班数量。机械时间定额可按下式计算：

$$机械时间定额=\frac{1}{机械台班产量定额}$$

由于机械必须由工人操作，操作机械和配合机械的人工时间定额可按下式计算：

$$人工时间定额=\frac{小组成员工日数总和}{机械台班产量定额}$$

【例 2-2】 一台 6t 塔式起重机吊装某种混凝土构件，配合机械作业的工人小组成员为：司机 1 人，起重和安装工 7 人，电焊工 2 人。已知机械台班产量为 40 块，试求吊装每一块构件的机械时间定额和人工时间定额。

【解】

$$机械时间定额=\frac{1}{机械台班产量定额}=\frac{1}{40}=0.025(台班/块)$$

$$人工时间定额=\frac{小组成员工日数总和}{人工时间定额}=\frac{1+7+2}{40}=0.25(工日/块)$$

或：人工时间定额=(1+7+2) ×0.025=0.25(工日/块)

2. 机械台班产量定额

机械台班产量定额是指某种机械在合理的劳动组织和正常的施工条件下，单位时间内完成合格产品的数量。机械台班产量定额可按下式计算：

$$机械台班产量定额=\frac{1}{机械台班时间定额}$$

或

$$机械台班产量定额=\frac{小组成员工日数总和}{人工时间定额}$$

【例 2-3】 斗容量为 $1m^3$ 的反铲挖土机挖三类土，深度 4m，每 $100m^3$ 时间定额 0.391 台班，计算机械台班产量定额。

【解】

$$机械台班产量定额=\frac{1}{0.391}=2.56(100m^3/台班)$$

在《全国建筑安装工程统一劳动定额》中，机械台班使用定额以台班产量定额为主，时间定额为辅，定额用分式形式表示为

$$\frac{机械时间定额}{机械产量定额}$$

例如，液压机反斗铲容量为 $1m^3$，挖掘深度在 4m 以内，挖三类土，每 $100m^3$ 需要的机械台班使用定额，以 1995 年《全国建筑安装工程统一劳动定额》为例，由表 2-4 中可查得每 $100m^3$ 需要的机械时间定额和机械台班产量定额为$\frac{0.391}{5.11}$。

表2-4　挖土机挖土台班定额

<table>
<tr><th colspan="4" rowspan="2">项　目</th><th colspan="3">装　车</th><th colspan="3">不装车</th><th rowspan="2">编　号</th></tr>
<tr><th>一、二类土</th><th>三类土</th><th>四类土</th><th>一、二类土</th><th>三类土</th><th>四类土</th></tr>
<tr><td rowspan="4">液压机反斗铲容量</td><td rowspan="2">0.75</td><td rowspan="4">挖掘深度(m)</td><td>1.5以内及3.5以外</td><td>$\frac{0.500}{4.00}$</td><td>$\frac{0.560}{3.57}$</td><td>$\frac{0.625}{3.20}$</td><td>$\frac{0.385}{5.20}$</td><td>$\frac{0.434}{4.61}$</td><td>$\frac{0.489}{4.09}$</td><td>116</td></tr>
<tr><td>1.5～3.5</td><td>$\frac{0.441}{4.54}$</td><td>$\frac{0.493}{4.06}$</td><td>$\frac{0.551}{3.63}$</td><td>$\frac{0.347}{5.76}$</td><td>$\frac{0.378}{5.29}$</td><td>$\frac{0.427}{4.68}$</td><td>117</td></tr>
<tr><td rowspan="2">1.00</td><td>2以内及4以外</td><td>$\frac{0.401}{4.99}$</td><td>$\frac{0.446}{4.48}$</td><td>$\frac{0.490}{4.08}$</td><td>$\frac{0.311}{6.43}$</td><td>$\frac{0.350}{5.72}$</td><td>$\frac{0.387}{5.17}$</td><td>118</td></tr>
<tr><td>2～4</td><td>$\frac{0.351}{5.70}$</td><td>$\frac{0.391}{5.11}$</td><td>$\frac{0.435}{4.60}$</td><td>$\frac{0.270}{7.42}$</td><td>$\frac{0.303}{6.59}$</td><td>$\frac{0.341}{5.87}$</td><td>119</td></tr>
<tr><td colspan="4">序　号</td><td>一</td><td>二</td><td>三</td><td>四</td><td>五</td><td>六</td><td></td></tr>
</table>

2.3 预算定额

2.3.1 概述

1. 预算定额的概念

预算定额是指在正常的施工条件下，规定完成一定计量单位的分项工程或结构构件所必需的人工、材料和机械台班的消耗量标准。它是由国家或地方主管部门编制并颁发的，是国家允许建筑企业在完成工程任务时工、料、机消耗的最高标准。在有效实施阶段内，预算定额是一种法令性指标。

预算定额规定的消耗内容包括人工、材料及机械台班的消耗，或者说预算定额是以劳动定额、材料消耗定额及机械台班消耗定额为基础，经过分析和调整而得的结果，是一个综合性的定额。

2. 预算定额的作用

(1) 预算定额是编制施工图预算，确定工程造价，进行工程拨款及竣工结算的依据；

(2) 预算定额是编制招标标底、投标报价的基础依据之一；

(3) 预算定额是施工企业实行经济核算，考核工程成本的依据；

(4) 预算定额是设计单位对设计方案进行技术经济分析比较的依据；

(5) 预算定额是编制地区单位估价表、概算定额和概算指标的基础。

2.3.2 预算定额的编制

1. 预算定额的编制原则

为了保证预算定额的质量，并易于掌握、方便使用，在编制工作中应遵循以下原则：

(1) 定额水平坚持社会平均的原则：预算定额是确定和控制建筑安装工程造价的依据，因此它必须遵照价值规律的客观要求，即按生产过程中所消耗的社会必要劳动时间确定定额水平。

（2）定额的内容形式简明适用原则：简明，即在项目划分、选择计量单位及工程量计算规则时，应在保证定额各项指标相对准确的前提下进行综合，以使编制的定额项目少、内容全、简明扼要。适用，即预算定额应严密准确，各项指标应具有一定的适用性，以适应复杂的工程情况的不同需要。

预算定额内容和形式，既要满足各方面使用的需要，有可操作性，又要简明扼要、层次清楚、结构严谨，尽可能避免执行中因模棱两可产生争议。

（3）集中领导，分级管理的原则：集中领导就是由中央主管部门归口管理，根据国家方针政策和经济发展的要求，统一制定编制原则和编制方法，统一编制和颁发全国统一预算定额、统一的实施条例和制度等，使建筑产品具有统一的计价依据。

分级管理是指在中央集中领导下，各部门和各省、市、自治区建设主管部门在其管辖范围内，根据各自的实际情况，按照国家的编制原则，在全国统一预算定额基础上，编制本地区的预算定额，颁发补充性的条例规定，以及对预算定额实行经常性的管理。

2．预算定额的编制依据

（1）全国统一劳动定额、机械台班使用定额和材料消耗定额；

（2）现行的设计规范、施工及验收规范、质量评定标准和安全操作规程；

（3）具有代表性的典型设计图纸和有关标准图集；

（4）新技术、新工艺、新结构、新材料和先进施工经验的资料；

（5）有关科学试验、技术测定、统计资料和经验数据；

（6）国家和各地区以往颁发的预算定额及其基础资料；

（7）现行的人工工资标准、材料价格和施工机械台班预算价格。

3．预算定额的编制步骤

编制预算定额一般分为三个阶段。

（1）准备阶段：准备阶段的任务是由主管部门提出编制工作计划，成立编制机构，拟定编制方案，全面收集各项依据资料，开展调研、分析，统一认识。

（2）编制初稿阶段：对收集的各项依据资料进行深入细致的测算和分析研究，按编制方案确定的定额项目和有关资料，编制定额项目人工、材料及机械台班消耗量，制定工程量计算规则，编制定额表初稿及相应文字说明。

（3）审查定稿阶段：编出预算定额初稿后，要将新编定额与现行定额进行测算对比，测算出新编定额的水平，并分析定额水平提高或降低的原因，广泛听取基层单位和群众的意见，最后修改定稿，并写出编制说明和送审报告，连同预算定额送审稿，报送审批机关审批。上级主管部门批准后，颁发执行。

2.3.3 确定分项工程定额指标

分项工程定额指标的确定包括计算工程量、确定定额计量单位，确定人工、材料和机械台班消耗指标等内容。

1．定额计量单位与计算精度的确定

定额的计量单位与定额项目的内容相适应，要能确切地反映各分项工程产品的形态特征与实物数量，并便于使用和计算。

计量单位一般根据分部工程或结构构件的特征及变化规律来确定。

当物体的断面形状一定，只是长度有变化时（如管线、装饰线、雨水管等）应以延长米（m）为计量单位。

当物体的厚度一定，而长度和宽度有变化（如楼地面、墙面、屋面、门窗等）应以m^2为计量单位。

当物体的长、宽、高都变化不定时（如土方、混凝土及钢筋混凝土、砖石工程等）应以m^3为计量单位。

有的分项工程虽然长、宽、高都变化不大，但质量和价格差异却很大（如金属构件的制作、运输及安装等）应以t或kg为计量单位。

若分项工程形状不规则，难以量度时，则采用自然单位“个”“套”“组”等为计量单位。

预算定额中各项消耗量指标的数值单位及小数位数的取定如下：

人工以“工日”为单位，取两位小数；

机械以“台班”为单位，取两位小数；

木材以“m^3”为单位，取三位小数；

钢材以“t”为单位，取三位小数；

砂浆、混凝土等半成品，以“m^3”为单位，取两位小数；

单价以“元”为单位，取两位小数。

2. 工程量计算

预算定额是在施工定额的基础上编制的一种综合性定额。一个分项工程包含了所必须完成的全部工作内容，如砌体工程预算定额中包括了砌砖、调制砂浆以及各种材料运输等全部工作内容。而在劳动定额中，砌砖、调制砂浆以及各种材料运输等是分别列为单独的定额项目。因此，利用劳动定额编制预算定额，必须根据选定典型设计图纸，先计算出符合预算定额项目的施工过程的工程量，再分别计算出符合劳动定额项目的施工过程的工程量，才能综合出每一预算定额项目计量单位的分项工程或结构构件的人工、材料和机械消耗指标。

3. 人工消耗指标的确定

（1）人工消耗指标

预算定额中人工消耗指标应包括完成该分项工程定额单位所必需的用工数量，即包括基本用工和其他用工两部分。其中，其他用工又包括超运距用工、辅助用工和人工幅度差三项。

1）基本用工：是指完成某一单位合格分项工程所必须消耗的主要（技术工种）用工量。

2）辅助用工：是指在施工现场发生的材料加工等用工。如筛洗砂石、淋石灰膏等增加的用工；机械挖运土石方的工作面排水、现场内机械行驶道路的养护、配合洒水汽车洒水以及清除铲斗刀片及车厢内积土等辅助用工。

3）超运距用工：是指预算定额中材料及半成品的运输距离超过劳动定额规定的运距而需增加的工日数。

4）人工幅度差：是指预算定额与劳动定额由于定额水平不同引起的水平差及在正常施工条件下，劳动定额中没有包括的用工因素。

人工幅度差主要包括施工中工序交叉、搭接停歇的时间损失，施工收尾及工作面小影响工效的时间损失，工程完工、工作面转移的时间损失，工程检验、验收时间损失，机械临时维修、移动时间损失以及施工用水、电管线移动的时间损失。

（2）人工消耗指标的基本计算公式如下：

$$基本用工工日数量=\sum(工序工程量\times时间定额)$$

$$辅助用工数量=\sum(加工材料数量\times时间定额)$$

$$超运距用工数量=\sum(超运距材料数量\times时间定额)$$

$$人工幅度差=(基本用工+超运距用工+辅助用工)\times人工幅度差系数$$

$$\begin{aligned}合计工日数量(工日)&=基本用工+超运距用工+辅助用工+人工幅度差用工\\&=(基本用工+超运距用工+辅助用工)\times(1+人工幅度差系数)\end{aligned}$$

国家现行规定的人工幅度差系数为10%～15%。

【例2-4】 某项毛石护坡砌筑工程，定额测定资料如下：

① 完成$1m^3$毛石砌体的基本工作时间为7.9h；

② 辅助工作时间、准备与结束时间、不可避免中断时间和休息时间分别占砌体的工作延续时间3%、2%、2%和6%，人工幅度差系数为10%；

③ 人工工日单价22元/工日。

根据上述条件确定砌筑$1m^3$毛石护坡人工时间定额和产量定额，并确定预算定额人工费。

【解】

1）人工时间定额确定

假定砌筑$1m^3$毛石护坡的工作延续时间定为X，则

$$X=7.9+(3\%+2\%+2\%+6\%)X$$

$$X=7.9+(13\%)X$$

$$X=\frac{7.9}{1-13\%}=9.08(工时)$$

每工日按8小时计算，则

$$砌筑毛石护坡的人工时间定额=\frac{9.08}{8}=1.135(工日/m^3)$$

2）人工产量定额的确定

$$砌筑毛石护坡的人工产量定额=\frac{1}{1.135}=0.881(m^3/工日)$$

3）预算定额人工费

$$\begin{aligned}定额人工消耗指标&=(基本用工+超运距用工+辅助用工)\times(1+人工幅度差系数)\\&=1.135(1+10\%)\times10=12.49(工日/10m^3)\end{aligned}$$

$$预算定额人工费=人工消耗指标\times人工工日单价$$
$$=12.49\times22=274.78(元/10m^3)$$

(3) 消耗量定额人工消耗量的计算

$$定额工日=\sum(定额单位\times时间定额)\times(1+人工幅度差)$$

式中，人工幅度差为10%。

消耗量定额2-1-6碎石灌浆垫层的人消耗量计算见表2-5。

表2-5　　碎石灌浆垫层人消耗量计算表

项目名称	计算量	单位	劳动定额编号	时间定额	工日/10m³
碎石灌浆	10	m³	§10-3-39（一）	0.561	5.610
小面积加工30%	3		0.561×0.3（按0.3系数）	0.1683	0.505
小计					6.115
砂浆超运150m	10		§10-24-408（四）	0.129	1.290
合计					7.405
定额工日	（人工幅度差为10%）7.405×1.1				8.146

4. 材料消耗指标的确定

材料消耗量由材料净用量和材料损耗量两部分组成。

(1) 主要材料净用量的计算

预算定额主要材料净用量一般以施工定额中的材料消耗定额为基础，再按预算定额项目综合的内容适当调整确定。下面以砖砌体以及装饰块料材料为例确定预算定额材料消耗量。

1) 砌体中砖及砂浆净用量的理论计算公式

$$砖净用量（块/m^3）=\frac{墙厚(砖)\times2}{墙厚(m)\times(砖长+灰缝)\times(砖厚+灰缝)}$$

式中，墙厚（砖）是以砖数表示的墙厚，如1/2砖、1砖等；墙厚是以米数（m）表示的墙厚，如0.115m、0.24m等；标准砖的规格为240mm×115mm×53mm，每块砖体积为0.0014628m³。

由于上式砖长、砖厚、灰缝是常数，代入数值后上式可近似地简化为：

$$砖净用量（块/m^3）=127\times[墙厚(砖)/墙厚(m)]$$

如一砖墙，砖净用量$=127\times[1/0.24]=529.17$(块/m³)

$$砂浆净用量（m^3/m^3）=1-砖单块体积（m^3/块）\times砖净用量(块/m^3)$$

【例2-5】 计算10m³一砖墙的砖及砂浆净用量。

【解】 $10m^3一砖墙砖净用量=\frac{1\times2}{0.24\times(0.24+0.1)\times(0.053+0.1)}\times10=5291(块)$

相应砂浆净用量$=10-0.0014628\times5291=2.26(m^3)$

2) 预算定额材料净用量计算

砌筑一砖厚墙体用砖和砂浆的净用量的确定，根据工程量计算规则，计算墙体工程量时，不扣除每个面积在 0.3m^2 以内的孔洞及梁头、外墙板头等所占的体积，突出墙面的窗台虎头砖、门窗套及三皮砖以内的腰线和挑檐等体积也不增加。根据典型工程测算，每 10m^3 一砖墙体，综合考虑增减因素后，应扣减砖和砂浆用量 1.535%。则预算定额砖及砂浆净用量计算为

$$10m^3\text{一砖墙砖净用量}=5291\times(1-0.01535)\approx5210(\text{块})$$

$$10m^3\text{一砖墙砂浆净用量}=2.26\times(1-0.01535)\approx2.23(m^3)$$

常见砌筑材料的定额损耗率，见表 2-6。

3）预算定额消耗量计算

根据砖及砂浆损耗率表知相应的砖及砂浆损耗率分别为 2%和 1%，则

$$10m^3\text{一砖墙砖消耗量}=5210\times(1+0.02)=5314\ (\text{块})=5.314\ (\text{千块})$$

$$10m^3\text{一砖墙砂浆消耗量}=2.23\times(1+0.01)=2.25\ (m^3)$$

4）块料面层材料消耗量的计算

块料面层材料一般是指用于装饰装修工程的墙面、地面、天棚及其他装饰面上具有一定规格尺寸的瓷砖、面砖、花岗石板以及各种材料的装饰面板等，定额以 10m^2 为单位，其计算公式如下：

$$10m^2\text{面层块料数量}=10\div[(\text{块长}+\text{缝宽})\times(\text{块宽}+\text{缝宽})]\times(1+\text{损耗率})$$

【例 2-6】 地面大理石板规格为 800mm×800mm，其拼缝宽度为 2mm，损耗率为 1%，计算 10m^2 地面需用大理石块数。

【解】

$$10m^2\text{地面大理石板用量}=10\div[(0.8+0.002)\times(0.8+0.002)]\times(1.01)\approx16(\text{块})$$

表 2-6 常见砌筑材料的定额损耗率

序号	材料名称	工程类型	定额损耗率（%）
1	普通黏土砖	基础	0.5
2	普通黏土砖	实砌砖墙	2.0
3	毛石	砌体	2.0
4	多孔砖	轻质砌体	2.0
5	加气混凝土砌块	轻质砌体	7.0
6	轻质混凝土砌块	轻质砌体	2.0
7	硅酸盐砌块	轻质砌体	2.0
8	混凝土空心砌块	轻质砌体	2.0
9	砌筑砂浆	砖砌体	1.0
10	砌筑砂浆	毛石、方整石砌体	1.0
11	砌筑砂浆	多孔砖	10.0
12	砌筑砂浆	加气混凝土砌块	2.0
13	砌筑砂浆	硅酸盐砌块	2.0

(2) 预算定额中其他材料用量确定

在工程中用量不多、价值不大的材料，可采用估算等方法计算其用量后，合并为一个“其他材料”的项目，在定额项目表中以占材料费的百分比表示。

(3) 辅助材料消耗量的确定

辅助材料也是直接构成工程实体的材料，但所占比重较小。它与次要材料的区别在

于是否构成工程实体，如砌墙木砖、抹灰嵌条等。

（4）周转性材料摊销量的确定

周转性材料按多次使用、分次摊销的方法计入预算定额。

（5）消耗量定额材料耗用量计算

① 半成品材料消耗量，如灰土等，其消耗量计算公式如下：

半成品材料消耗量＝定额单位×(1＋损耗率)

② 单一性质的材料，如天然级配砂、毛石、碎石、碎砖等，其消耗量计算公式如下：

单一材料消耗量＝定额单位×压实系数×(1＋损耗率)

③ 充灌性质的材料，如砂浆、砂等，其消耗量计算公式如下：

充灌材料消耗量＝(骨料比重－骨料容重×压实系数)/骨料比重
×填充密实度×(1＋损耗率)×定额单位

【例2－7】 计算消耗量定额2－1－6碎石灌浆垫层的材料消耗量。

【解】 碎石比重为2.75t/m^3，容重为1.65t/m^3，压实系数为1.08，损耗率为3%，砂浆损耗率为1%，填充密实度按0.8计算。

碎石消耗量＝10×1.08×1.03＝11.12m^3

砂浆消耗量＝(2.75－1.65×1.08)/2.75×0.8×1.01×10＝2.84m^3

5. 机械台班消耗量指标的确定

（1）机械台班消耗量指标的确定

预算定额中的机械台班消耗量指标，一般按《全国建筑安装工程统一劳动定额》中的械台班产量，并考虑一定的机械幅度差进行计算。

定额机械台班使用量＝(预算定额项目计量单位值/机械台班产量)
×机械幅度差系数

（2）机械幅度差的内容

1）施工初期条件不完善和施工末期工程量不饱满的时间损失；

2）作业区转移及配套机械相互影响的间损失；

3）挖土机只能向一侧装车，且无循环路线，挖土机必须等待汽车调车的时间损失；

4）汽车装车或卸土倒车距离过长的时间损失；

5）工程检验、验收的时间损失；

6）临时停电、停水的时间损失。

（3）主要机械

在消耗量定额中，机械消耗量分为主要机械和次要机械。定额一般根据施工现场情况进行取定。对于土石方工程中的主要机械，如挖掘机挖土，分为正铲、反铲、拉铲等，各种铲型又分斗容量，这样项目可能列出很多，给现场签证工作带来了难度，也可能给工程结算带来争议。考虑到现场的情况，定额按挖掘机的种类、斗容量并区分不同土类设置项目。

单独土石方中机械挖运土石方的主要机械，其机械幅度差按8%计入相应定额；机械土石方中主要机械的机械幅度差，按15%计入相应定额。

(4) 辅助机械

辅助机械是指配合主要机械作业的其他机械。在土石方工程中，推土机、装载机（装运土）、自卸汽车、机动翻斗车和拖拉机等机械，不配备辅助机械。

装载机（装车）、铲运机、挖掘机、压路机等机械，根据不同情况，配备了相应数量的推土机作为辅助机械；洒水车和水的配备情况（每10m^3）见表2-7。

表2-7　　洒水车和水的配备情况

主要机械	洒水车（台班）	水（m^3）
铲运机	0.003	0.05
自卸汽车	0.006	0.12
压路机	0.008	0.155

2.3.4 消耗量定额与价目表

1. 消耗量定额的内容

消耗量定额是由建设行政主管部门根据合理的施工组织设计，正常施工条件制定的，生产规定计量单位工程合格产品所需人工、材料、机械台班的社会平均消耗量标准。山东省建筑、安装工程消耗量定额均由目录、总说明、分部说明和定额项目表以及有关附注、附录组成。

(1) 总说明：主要阐述了定额的编制理则、指导思想、编制依据、适用范围、定额的作用以及编制时已经考虑和没有考虑的因素，使用方法及有关规定等。因此，使用定额前应首先了解和掌握总说明。

《山东省建筑工程消耗量定额》的编制依据是在《全国统一建筑工程基础定额》的基础上，依据现行国家、省有关工程建设标准，结合我省的实际情况编制的。定额的内容共分十章，包括：土石方工程，地基处理与防护工程，砌筑工程，钢筋及混凝土工程，门窗及木结构工程，屋面防水、保温及防腐工程，金属结构制作工程，构筑物及其他工程，装饰工程，施工技术措施项目。

消耗量定额的作用是完成规定计量单位分部分项工程所需人工、材料、机械台班消耗量的标准；是编制招标标底的依据；是编制施工图预算，确定工程造价以及编制概算定额、估算指标的基础。

《山东省安装工程消耗量定额》是以《全国统一安装工程预算定额》为基础，依据国家现行有关工程建设标准，结合我省的实际情况编制的。该定额共分十一册，包括：第一册　机械设备安装工程；第二册　电气设备安装工程；第三册　热力设备安装工程；第四册　炉窑砌筑工程；第五册　静置设备与工艺金属结构制作安装工程；第六册　工业管道安装工程；第七册　消防及安全防范设备安装工程；第八册　给排水、采暖、燃气工程；第九册　通风空调工程；第十册　自动化控制仪表安装工程；第十一册　刷油、防腐蚀、绝热工程。

(2) 分部说明：它主要介绍了分部分项工程所包括的主要项目及工作内容，编制中有关问题的说明，执行中的一些规定，特殊情况的处理等。它是定额手册的重要部分，是执行定额和计算工程量的重要依据，必须全面掌握。

(3) 定额项目表：它是定额的主要构成部分，由分部名称、工作内容、定额单位、项目表和附注组成。

1) 工作内容（分项说明）：主要说明本项目表各分项工程所包括的工作内容。

2) 定额单位：定额单位除钢筋、金属结构制作、设备、管件安装等计量单位为基本单位外，其余均以扩大单位（10）为计量单位，如10m、10m²、10m³、10个、10组等。

3) 定额项目表：建筑、安装工程定额项目表格式基本相同，只是安装工程主材单独列出，并用（）表示。建筑、安装工程定额项目表结构形式见表2-8和表2-9。

建筑工程消耗量定额的编号采用三段数码编号，第一段数码是章号，第二段数码是节号，第三段数码是子目号。例如3-3-4子目，是指第3章、第3节、第4条子目。

工日消耗量的确定是以1985年《全国建筑安装统一劳动定额》为基础，重新计算而成。消耗量定额不分工种、技术等级，均以综合工日表示。

消耗量定额中的材料，凡可以计量的材料均按品种、规格逐一列出数量，对无法计量或材料耗用量较少的材料，以其他材料费占材料费的百分率计入。

机械台班消耗量的确定是以1985年《全国建筑安装统一劳动定额》为基础，按班组产量定额和机械台班消耗量数量加机械幅度差计算而成。

安装工程消耗量定额内材料分主要材料和辅助材料两部分列出，凡定额中列有“()”的均为主要材料，其中括号中数量为该主要材料的消耗量，见表2-7中（1.000）即圆形钢板水箱为主材，数量是1个；括号中有一横线者，即“（—）”，定额中没有给出具体数值，是按设计要求和工程量计算规则计算的（含损耗量）主要材料消耗量；而定额中列有“—”的为该定额子目无所在行数量。

表2-8　　建筑工程定额项目表结构形式

三、砌轻质砖和砌块

（一）砌实心轻质砖

工作内容：(1) 调运砂浆、铺砂浆，运砖、砌块；

(2) 砌砖包括高台虎头砖、腰线、门窗套，安放木砖、铁件等。

单位：10m³

定额编号			3-3-1	3-3-2	3-3-3	3-3-4
项目			烧结粉煤灰轻质砖墙（墙厚mm）			
			115	180	240	365
名称		单位	数量			
人工	综合工日	工日	20.14	19.64	16.08	15.63
材料	混合砂浆，M5.0	m³	1.9500	2.1300	2.2500	2.400
	粉煤灰烧结砖 240×115×53	千块	5.6963	5.5640	5.3661	5.4025
	水	m³	1.0971	1.0680	1.0291	1.0388
机械	灰浆搅拌机 200L	台班	0.244	0.266	0.281	0.300

注　实心轻质砖包括蒸压灰砂砖、蒸压粉煤灰砖、煤渣砖、煤矸石砖、页岩烧结砖、黄河淤泥烧结砖等。

表 2-9　　　　安装工程定额项目表结构形式

二、小型容器制作安装

4. 圆形钢板水箱安装

工作内容：稳固、装配零件。

单位：个

定额编号			8-780	8-781	8-782	8-783
项目			总容量（m^3）			
			0.8	1.4	3.9	5.7
名称		单位	数量			
人工	综合工日	工日	2.810	2.810	3.000	3.190
材料	圆形钢板水箱 0.4-0.8m^3	个	(1.000)	—	—	—
	圆形钢板水箱 0.81-1.4m^3	个	—	(1.000)	—	—
	圆形钢板水箱 1.6～3.9m^3	个	—	—	(1.000)	—
	圆形钢板水箱 4.0～5.7m^3	个	—	—	—	(1.000)
	低碳钢丝 8#	kg	3.000	3.000	0.500	0.500
	其他材料占辅材费	%	10.000	10.000	10.000	10.000
机械	单筒慢速卷扬机 30kN	台班	—	—	0.250	0.250
	载货汽车 5t		—	—	0.090	0.090

(4) 附录：附录列在定额手册的最后，包括每 10m^3 混凝土模板含量参考表和混凝土及砂浆配合比表，供定额换算、补充使用。

表 2-10 列出 96 综合定额项目表的结构形式，与建筑、安装消耗量定额项目表（表 2-8、表 2-9）比较，96 综合定额项目表在第二行下面增加了“基价”和“其中人工费、材料费、机械费”部分，是量价合一的定额。而建筑、安装工程消耗量定额项目表中仅列出了人、材、机的种类和消耗数量，在定额的形式上体现了量价分离的造价改革精神。

表 2-10　　　　96 建筑工程综合定额项目表结构形式

一、砖墙

1. 砖外墙

工作内容：调运砂浆、砌筑、砌体内钢筋加固、钢筋混凝土压顶等全部操作过程。

单位：100m^2

定额编号				2-1	2-2	2-3
项目				砖外墙厚（mm）		
				490	365	240
基价	混合砂浆 M2.5		元	5829.84	4371.61	2905.85
	混合砂浆 M5.0		元	3995.26	4493.73	2983.07
其中	人工费		元	817.95	608.45	411.39
	材料费	混合砂浆 M2.5	元	4716.23	3544.35	2350.16
		混合砂浆 M5.0	元	4881.65	3666.47	2427.38
	机械费		元	295.66	218.81	144.30

续表

人工、材料、机械	单位	单价	数量	数量	数量
综合工日	工日	10.29	79.49	59.13	39.98
模板材	m^3	975.76	0.043	0.032	0.008
<Φ10 钢筋	t	3490.00	0.094	0.087	0.066
红（青）砖	千块	128.77	25.550	18.863	12.729
模板铁钉	kg	3.73	2.452	1.836	0.470
#22 镀锌铁丝	千块	3.88	0.242	0.196	0.088
草帘子	m^2	0.59	1.657	1.241	0.318
水	m^3	1.00	6.862	5.084	2.888
C20 现浇混凝土碎石<15mm	m^3	132.88	0.461	0.345	0.088
混合砂浆，M2.5	m^3	81.14	12.039	8.888	5.620
混合砂浆，M5.0	m^3	94.88	12.039	8.888	5.620
其他材料费	元	—	0.11	0.08	0.03
4T 载重汽车	台班	180.85	0.0073	0.0054	0.0014
机动翻斗车	台班	55.15	0.0318	0.0238	0.0061
塔式起重机	台班	125.61	1.6724	1.2357	0.8285
卷扬机 1t（带塔）	台班	36.63	1.2128	0.8961	0.6067
混凝土搅拌机	台班	44.67	0.0454	0.0340	0.0087
灰浆搅拌机	台班	22.29	1.5001	1.1075	0.7054
插入式振捣器	台班	6.48	0.0908	0.0680	0.0174
钢筋调直机	台班	19.73	0.0373	0.0349	0.0266
钢筋切断机	台班	22.26	0.0373	0.0349	0.0266
钢筋弯曲机	台班	13.87	0.0095	0.0071	0.0018
圆锯机	台班	14.04	0.0245	0.0184	0.0047

2. 价目表

(1) 由于建筑安装工程消耗量定额采用量价分离的表现形式，各种价格的确定由建设主体各方通过竞争自主确定，编制价目表的目的是反映不同时期内的社会平均价格水平。它是编制工程招标标底的依据，也为不能上网查询市场信息价格以及不具备电算条件的用户提供文本价格服务。

(2) 价目表包括说明、目录、分章的价目表及附录（材料、机械台班价格取定表）。分章的价目表中列有定额编号、项目名称、定额单位、省定额价和计费价格（或未计价材料）五栏。其中省定额价又包括基价、人工费、材料费和机械费。建筑、安装工程价目表结构形式见表 2-11 和表 2-12。

表 2-11　　山东省建筑工程价目表形式

第三章　砌筑工程

定额编号	项目名称	单位	省定额价			
			基价	人工费	材料费	机械费
三、砌轻质砖和砌块						
（一）砌实心轻质砖						
3-3-1	M5.0 混合砂浆烧结粉煤灰轻质砖墙 115	$10m^3$	3010.26	1067.42	1920.08	22.76
3-3-2	M5.0 混合砂浆烧结粉煤灰轻质砖墙 180	$10m^3$	2978.20	1040.92	1912.47	24.81
3-3-3	M5.0 混合砂浆烧结粉煤灰轻质砖墙 240	$10m^3$	2755.05	852.24	1876.60	26.21
3-3-4	M5.0 混合砂浆烧结粉煤灰轻质砖墙 365	$10m^3$	2767.84	828.39	1911.47	27.98
（二）砌多孔砖						
	（以下略）					

表 2-12　　山东省安装工程价目表形式

第八章　开水炉及箱、罐

定额编号	项目名称	单位	基价	其中			未计价材料		
				人工费	材料费	机械费	名称	单位	数量
二、小型容器制作安装									
4. 圆形钢板水箱安装									
8-780	总容量 0.8m³	个	171.90	148.93	22.97	—	圆形钢板水箱 0.4-0.8m³	个	1.000
8-781	总容量 1.4m³	个	171.90	148.93	22.97	—	圆形钢板水箱 0.81-1.4m³	个	1.000
8-782	总容量 3.9m³	个	229.70	159.00	3.83	66.87	圆形钢板水箱 1.6-3.9m³	个	1.000
8-783	总容量 5.7m³	个	239.77	169.07	3.83	66.87	圆形钢板水箱 4.0-5.7m³	个	1.000
	(以下略)								

于 2003 年 4 月 1 日起施行的建筑工程价目表中列有计费价格，作为计取各项费用的统一基础。自 2006 年 4 月 1 日起施行的建筑工程价目表（山东省工程建设标准定额站文件鲁标字［2006］4 号关于印发《山东省建筑安装市政园林绿化工程价目表》的通知）取消了“计费价格”一栏。自 2011 年 8 月 1 日起执行的建筑工程价目表（山东省工程建设标准定额站文件鲁标定字［2011］15 号）中人工工日单价按 53 元计人，材料和机械台班单价，是以我省现行价格及有关规定取定计算的。

(3) 价目表是根据消耗量定额的人工、材料、机械台班数量，乘以相应综合取定的价格计算而成。价目表的章、节、定额编号及名称与消耗量定额相对应。

(4) 价目表中的单价取定。于 2003 年 4 月 1 日起施行的建筑工程价目表中的人工工日单价按 22 元计人；材料价格为 2002 年年底我省综合取定价格；机械台班单价是按照《山东省统一机械台班费用编制规则》计算而成。自 2011 年 8 月 1 日起施行的建筑工程价目表人工工日单价按 53 元计人，材料和机械台班单价，是以我省现行价格及有关规定取定计算的。价目表中的材料、机械台班单价取定表以附录列于价目表后。以上价格实行动态管理，工程造价主管部门将及时发布不同时期的报告期价格，以方便用户使用。

安装工程价目表中的未计价材料列出该项未计价材料的名称、单位和数量，用于确定未计价材料的费用。

一般情况下，人工工日单价与机械台班单价相对稳定一些，材料价格变动较频繁，可按当地主管部门按季（或月）发布的指导价格或网上询价以及市场价格。人工工日单价与机械台班单价的调整，由省造价主管根据市场情况发布高价文件。如 2011 年调整《山东省建筑工程价目表》、《山东省安装工程价目表》和《山东省市政工程价目表》中人工工日单价，每综合工日调为 53 元，自 2011 年 8 月 1 日起执行。该价为指导价，签订合同时双方可按市场情况协商确定。

2.3.5 消耗量定额的应用

1. 定额的直接套用

设计要求与定额项目的内容相一致时，可直接套用定额的人、材、机消耗量及价目表基价。

现以《山东省建筑工程消耗量定额》和2011年《山东省建筑工程价目表》为例，说明其应用方法。

【例2-8】 某房屋采用M5.0混合砂浆砌筑240mm厚烧结粉煤灰轻质砖墙100m^3，试计算完成该分项工程的基价直接费及人、材、机消耗量。

【解】 (1) 确定定额编号：套用3-3-3子目。

(2) 计算该分项工程直接费

查价目表定额编号3-3-3的省定额基价为2755.05元/10 m^3，则

省价直接费＝定额基价×工程量＝2755.05×100/10＝27550.50(元)

(3) 计算人、材、机消耗量

人工：综合工日	16.08×100/10＝160.80(工日)
材料：M5.0混合砂浆	2.25×100/10＝22.50(m^3)
粉煤灰烧结砖240×115×53	5.3661×100/10＝53.661(千块)
水	1.0291×100/10＝10.291(m^3)
机械：灰浆搅拌机200L	0.281×100/10＝2.81(台班)

2. 定额的换算

在确定某一分项工程或结构构件预算价值时，如果施工图纸的设计内容与套用的相应定额项目内容不完全一致时，就不能直接套用定额，则应按定额规定的范围、内容和方法进行换算。

在编制预算定额时，对砌筑砂浆和混凝土的强度等级、运距、厚度、用量及施工的难易程度等均留了活口，允许根据实际情况进行换算、调整。

定额的换算包括强度等级换算、系数调整、用量调整、运距调整和其他换算。

(1) 强度等级换算：在定额中，对砌筑砂浆及混凝土等只列出常用的强度等级，当设计的强度等级与定额规定的强度等级不同时，允许换算。这种换算一般定额用量不变，只是不同强度等级的混凝土单价变动，因此只调整混凝土的单价。其换算公式如下：

换算基价＝定额基价＋(换入的半成品单价－换出的半成品单价)
×换算材料的定额用量

(2) 系数调整：由于施工条件和方法不同，因此增加了施工的难度或材料、机械的消耗量，应按定额规定的范围和系数进行调整。如土方工程中的桩间挖土，相应定额项目人工、机械乘以系数1.3；砌筑工程中砌筑弧形基础、墙时，按相应定额项目人工乘以系数1.1。定额中系数调整比较常用，调整时应严格按分部说明或附注中的规定执行。

【例 2－9】 某房屋采用 M10.0 混合砂浆砌筑 240mm 厚烧结粉煤灰轻质砖弧形墙 100 m^3，试计算完成该分项工程的基价直接费。

【解】 (1) 确定定额编号：套用 3－3－3 子目，设计砂浆为 M10.0 混合砂浆，与定额砂浆（M5.0）不同需换算强度等级，设计为弧形墙，按规定相应定额项目人工应乘以系数 1.1，材料乘以系数 1.03。

(2) 计算换算基价：

查相应价目表 3－3－3，定额基价 2755.05 元/10^3，人工费 852.24 元/10m^3，材料费 1876.60 元/10m^3，查《山东省建设工程价目表材料机械单价》，M10.0 混合砂浆（81005）单价 177.96 元/m^3，M5.0 混合砂浆（81003）单价 164.25 元/m^3；查消耗量定额 3－3－3 中 M5.0 混合砂浆定额用量为 2.250m^3/10 m^3。

强度等级的换算：

$$换算基价=2755.05+(177.96-164.25)\times 2.25=2785.90(元/ m^3)$$

砌弧形墙乘系数调整：

$$调整基价=定额基价+允许调整部分的费用\times 增加的系数$$

$$2785.90+852.24\times(1.1-1)+[1876.60+(177.96-164.25)\times 2.25]\times(1.03-1)=2928.35(元/10\ m^3)$$

$$省价直接费=定额基价\times 工程量=2928.35\times 100/10=29283.50(元)$$

(3) 用量调整：在预算定额中，某些分项工程的定额消耗量与设计消耗量不同时，当定额规定允许进行调整时，可对其调整，此时应包括材料损耗。如木龙骨、彩钢压型板屋面檩条，定额按间距 1～1.2m 编制，设计与定额不同时，檩条数量可以换算，其他不变。

(4) 运距调整：在预算定额中，对各种项目的运输定额，一般分为基本项目和增加定额，即超过规定的基本运距时，超过部分另行计算。如推土机推土方，基本定额运距为 20m 以内，超过另按 100m 内每增 20m 定额计算增加部分费用。

(5) 其他换算：预算定额中的换算调整种类很多，规定也不一样，如材料规格、配合比、数量、厚度等。在定额的应用中，一定要注意定额的分部说明和项目表附注及计算规则等相应规定。

以上所述各种换算调整，都是按定额规定的方法或系数进行。但在实际工作中，还有大量的材料价格的调整，如工程造价管理部门发布的指导价格与市场价格以及合同价格间的调整，不同的规格型号材料的差价调整等等。因此，要求造价编制人员要全面掌握各种换算调整方法。

3. 定额的补充

当设计图纸中的项目不能直接套用定额，也不能调整换算时，可作临时性补充。补充方法一般有定额代用法和补充定额两种。

(1) 定额借用法。利用性质相似、材料大致相同，施工方法又很接近的定额项目，考虑一定的系数进行调整或对不同的项目进行换算等，使之与实际情况一致。

(2) 补充定额。即按定额编的方法新编该项目的定额。编制前，应测定并计算人工、材料、机械台班用量及相应单价。

【例 2-10】 某房屋电气照明工程设计采用空心板内穿二芯塑料护套线，经测算穿护套线的有关资料如下：

人工消耗：基本用工 1.84 工日/100m，其他用工占总用工的 10%；

材料消耗：护套线预留长度平均 10.4m/100m，损耗率为 1.8%；接线盒 13 个/100m，钢丝 0.12kg/100m；

预算价格：人工工日单价 22 元/工日，二芯塑料护套线 2.56 元/m，接线盒 2.5 元/个，钢丝 2.80 元/kg。

编制空心板内穿二芯塑料护套线的补充定额。

【解】 该子目无机械费，则安装二芯塑料护套线补充定额单价：

$$\text{补充定额单价}=\text{人工费}+\text{材料费}$$

$$\text{人工费}=\text{人工消耗量}\times\text{人工工日单价}$$

令

$$\text{人工消耗量}=\text{基本用工}+\text{其他用工}=X$$

则

$$X=1.84+10\%X$$

$$(1-10\%)X=1.84$$

$$X=\frac{1.84}{1-10\%}=2.044(\text{工日})$$

$$\text{人工费}=22\times2.044=44.97(\text{元})$$

$$\text{材料费}=\sum(\text{材料消耗量}\times\text{相应材料单价})$$

其中：

$$\text{二芯塑料护套线消耗量}=(100+10.4)\ (1+1.8\%)=112.39(\text{m})$$

$$\begin{aligned}\text{安装材料费}&=112.39\times2.56+13\times2.5+0.12\times2.8+5.6\\&=287.72+32.5+0.32+5.6=326.16(\text{元})\end{aligned}$$

$$\text{安装二芯塑料护套线补充定额单价}=44.97+326.16=371.13(\text{元})$$

2.4 施工企业定额

长期以来，我国的承发包计价、定价都是以工程预算定额作为依据，企业没有自主权。尽管消耗量标准是依据现行有关规范，典型工程设计、社会平均水平等各方面工程造价要素来编制，但最大的弊病是政府有关部门规定了各种价格和管理费用、利润率，不能实行动态管理的模式；没有考虑企业的技术水平、劳动生产率、材料采价渠道和管理能力的差异，更没有考虑单体工程的特点，而是按社会平均水平来综合取定。这种计价模式既不能及时反映市场价格规律，更不能反映施工企业的技术水平、管理能力。《建设工程工程量清单计价规范》计价模式是按照“量价分离”的原则，招标人依据施工图纸，按照统一的工程量计算规则为投标人提供实物工程、项目和技术措施项目的清单，投标人依据招标人提供的统一量对拟建工程结合项目、风险以及本企业的综合实力、市场行情、利润要求等对拟建工程进行报价。企业的综合实力所反映在工程项目上就体现出该工程项目人工、材料、机械消耗量，它的消耗量比社会平均水平先进，这样才能有投入最少的物耗，获得最大的利润空间。另外《建设工程工程量清单计价规范》中把不是工程实体的措施项目单独列出由投标人竞争报价，充分体现企业的技术管理水平。

实行工程量清单计价，是规范建设市场秩序，适应社会主义市场经济发展的需要，能促进建设市场有序竞争健康发展。因此，企业在建设市场活动中，就必须要有适合企业自身的技术水平、管理能力、机械装备等工程造价要素的一套企业定额来适应市场经济。《建设工程工程量清单计价规范》的实施，给企业带来一个契机，可充分展现企业自主报价的权利，也给企业提出了严重的挑战。实行工程量清单计价模式，有利于施工企业自主报价和公平竞争，这就要求施工企业要有一套自己的企业定额来适应新形势和市场经济规律。

2.4.1 企业定额的概念与作用

1. 企业定额的概念

企业定额是指施工企业根据本企业的施工技术和管理水平，以及有关工程造价资料制定的，并供本企业使用的人工、材料和机械台班消耗量标准。它所反映的是施工企业生产与生产消费之间的数量关系，是施工企业生产力水平的体现。同样的项目，不同的企业施工其人工消耗量和施工机械品种、型号是不一样的，主要材料消耗量基本一致而辅助材料消耗量也有些不同。因此，企业定额是施工企业进行施工管理和投标报价的基础及依据，从某种意义上讲，企业定额是企业的商业秘密，是企业参与市场竞争的核心，是项目经济指标、限额领料、项目考核的依据。

在利用传统定额计价方法时期，企业投标报价或在本企业内部经济核算一般是使用预算定额，由于定额水平是社会平均水平，它不能反映本企业的个别消耗量标准。随着社会主义市场经济的不断完善，建筑市场的日趋规范，尤其是随着我国《招投标法》、《建设工程工程量清单计价规范》的颁布实施，工程造价计价工作正在逐步实现“政府宏观调控、企业自主报价、市场形成价格”。所以编制、使用施工企业定额的重要性就日益突出，企业定额在企业投标报价中的地位得到了明显的提高。如何增强企业工程投标报价的竞争能力，承接更多的工程项目，不断扩大市场份额和提高企业信誉，也就成为施工企业生存与发展的关键。企业定额是企业工程投标报价的重要依据，在通过市场竞争形成价格和“合理低价中标”的价格形成和评标原则下，科学合理地编制企业定额，能有利于企业投标报价，能较真实地反映企业实际消耗量水平，提高投标的竞争能力。

2. 企业定额作用

(1) 适应工程承发包市场机制，掌握投标报价中主动权，实现企业自主定价的需要。工程量清单计价中，施工方法、施工措施等均由施工企业自行决定，并反映在施工方案上。施工方案不仅关系到工程质量、安全和进度，而且对工程成本和报价也有直接影响，科学的施工方案应准确抓住工程特点，做到既有针对性，又能降低成本，既要采用先进的施工方法，安排合理的工期，又要充分有效地利用机械设备和劳动力。因此，施工企业要不断加强内部管理，提高企业素质，加快技术进步，增强企业的实力和信誉。

（2）企业定额强化企业基础工作，加强企业施工成本管理，不断提高企业生产综合效率，即不断降低人工、材料、机械台班和管理费用，用活企业资金，减轻负债，提高资金利用率，建立和健全财务成本分析与核算的重要依据；施工企业的竞争，实质就是劳动生产率的竞争，而劳动生产率高低，直接反映在活劳动与物化劳动的消耗量标准。施工企业要在竞争中胜出，必须严格控制其消耗水平。另一方面从管理到技术都必须紧跟着市场，学习先进的管理理念和先进的技术，使活劳动与物化劳动的消耗量达到最优状态，这样施工企业在市场竞争中才能得心应手，立于不败之地。

（3）企业定额不仅是投标报价的依据，而且又是编制施工组织设计、确定工程进度计划、决策项目经理部目标成本，进行项目成本分析、核算、调控，以及搞活现场资金运用的重要依据。

（4）施工企业定额的使用，有利于施工企业提高施工技术，改进施工组织，降低工程成本，促进企业的健康发展。从本质上看，企业定额是企业整体素质和生产、工作效率的综合反映。为了建立健全企业定额，要收集施工全过程产生的大量文件和资料，包括招标文件、合同文本、投标书、施工日志、工程验收资料、承发包之间来往函件、设计变更、竣工报告、工程竣工结算等等，对资料进行分门别类，整理成册，这无疑有利于建立和补充企业定额，促进企业发展和市场竞争能力。

2.4.2 企业定额的编制原则和依据

1. 企业定额的编制原则

（1）运用建筑产品价值规律，坚持不低于工程成本报价和合理低价中标的原则。企业定额的运用，是以企业的个别劳动消耗的价值，来决定企业投标报价的价值和价格。不低于工程成本报价和合理低价中标的原则，正是市场竞争机制作用的结果，因为来自市场的巨大压力要求和促使施工企业必须精心经营，审慎地把握成本与价格的关系。“薄利多销”和国际上采用的“低报价，高索赔”的营销策略，是国内外聪明的承包商营销的市场游戏规则，因此在施工企业定额的制定中必须有所体现。

（2）坚持实事求是，正确地进行市场定位的原则。企业定额应与企业的经营承包范围、承包专业对象及其承包能力、生产与工作效率相适应，不能盲目追求高目标、高效益，要真实地反映本企业的实际和现有水平以及潜力发挥限度。

（3）符合《计价规范》规定的“四统一”，适应行业发展水平，力争先进水平和坚持“双赢”的原则。

（4）加强企业管理的基础工作，技术进步与科学管理不断提高的原则。

（5）建立和健全企业定额的建设和保障有效运行的原则。有条件的企业应把定额制定、企业管理及工程承包，与计算机应用、数字化管理相结合，跟上知识经济时发展。

（6）预计与分析风险的原则。

2. 企业定额的编制依据

(1) 国家有关招标投标法规、《计价规范》、统一的基础定额和地方相应的法规与定额等。

(2) 国家规定的工程技术、质量与安全标准及操作规程、现行的施工及验收规范、工程设计标准图集及其相关技术资料等。

(3) 本行业和相关行业及其本行业中先进企业的消耗量水平，相关资料、信息等。

(4) 企业积累的已完工程资料、原有生产定额与管理费用标准及其分析资料，技术专利及相关技术与组织经验资料和信息等。

(5) 企业投标报价策略及其实施方案确定的依据等。

2.4.3 企业定额的编制

企业定额可以采用多种定额作为编制的基础定额，也可以通过对施工过程进行技术测定来编制企业定额分项工程的生产要素消耗量。

1. 企业定额体系

企业定额体系的构成，应当根据施工企业资质层次和业务范围与专业性质不同而自成体系，但在其总体上存在着共性。按企业管理的层面划分，一是施工企业层面的企业基础定额、预算定额，它是企业为适应对外承揽工程的需要而编制的，是与工程量清单计价相对应的清单分项综合单价；另一层面是企业给项目经理部规定或下达的内部成本消耗预算定额，它用于企业内部，是项目部实行项目成本核算的依据。另外，还应编制对应两个层面上的预算定额所需的基础定额，是企业与项目部施工消耗定额，即分期工程单位计量的人工消耗、材料消耗、机械台班消耗和管理费用四种基础定额。上述不同层次和类别的定额构成了企业定额体系。

2. 企业定额的编制

企业定额编制必须与计算机结合，充分利用计算机数据存储量大、运算快、共享功能强、效率高的优势，才能健全与完善企业定额体系及不断提高运用效率，并能为实现企业管理系统数字化和与城市数字化网络数据共享奠定良好的基础。

(1) 编制企业定额，首先要在现行预算定额的基础上，结合本企业的水平，调整预算定额的人工、材料、机械台班消耗量，把预算定额的社会平均水平调整到企业先进水平上来，编制另一套自己的企业定额。

(2) 要积累日常资料，对班组在施工过程中所需消耗的人工、材料、机具设备等情况进行记录，并把这第一手资料整理后反馈到原来报价使用的企业定额中进行整理统计对比。通过不同工程、不同时间段来分析修订原先的企业定额消耗量，使企业定额更完善。

(3) 实时补充新技术、新结构、新材料、新工艺等消耗量定额，从不熟悉到熟练应用的变化过程不断修订企业定额的消耗量。

(4) 根据不同单位工程的特点，测算出不同单位工程的企业定额调整幅度，以适应工程的需要。

(5) 实时了解市场行情，对比原先的企业定额水平，不断进行优化调整，使企业定额达到最优。

(6) 要进行归类整理。单纯的资料积累只是一堆数据，只有经过整理分析、才能称为资料，把有关的工程造价资料收集起来，通过计算机的处理进行归类存档，一旦需要，随时可以从计算机中调出，再结合具体情况进行调整。

企业定额的形成和发展是要经历一个过程，由理论到实践，再由实践到理论，要不断总结、提高、强化内部管理，提高员工的管理业务水平，促进科技进步，建立企业信息网络，加强信息交流，逐步完善自己的企业定额来适应新形势和市场经济规律。

小结

本章主要介绍了定额基本知识，如定额的种类、编制原则、编制依据、编制方法、定额的作用等。通过本章的教学，使学生对定额有一个全面的了解，为定额的应用和定额的换算、调整打下基础。

本章的重点是掌握定额消耗量的确定和消耗量定额、价目表的使用。通过学习，能正确计算材料的净用量和定额消耗量，能对常用定额进行换算及调整。

学习本章的难点是定额消耗量指标的编制，该部分了解编制原理即可，重点是定额的应用。因此，应让学生熟悉定额，使用定额计算相应费用或相应消耗量。

思考与练习

2.1 什么是建设工程定额？它有何特性？

2.2 现行建设工程定额是如何分类的？共分为哪几种？

2.3 什么是施工定额？它包括哪三部分？

2.4 什么是劳动定额？它有哪两种表现形式？两者有何关系？

2.5 什么是实体性材料？什么是周转性材料？

2.6 预算定额人工消耗量指标包括哪些内容？

2.7 预算定额材料消耗量是如何确定的？

2.8 消耗量定额和价目表有何作用？

2.9 在什么情况下需对消耗量定额进行换算？常用的换算有哪几种？

2.10 在什么情况下需对消耗量定额进行补充？补充方法有哪两种？

2.11 计算二分之一砖墙每立方米砌体砖及砂浆的净用量。

2.12 某工程卫生间地面采用300mm×300mm的瓷砖铺贴，拼缝宽为2mm，瓷砖损耗率为3%，试计算铺贴200m^{2}瓷砖的消耗块数。

2.13 某房屋墙体为240mm厚烧结粉煤灰轻质砖墙，按工程量计算规则计算工程量为248m^3，根据建筑工程消耗量定额（表2-3）砌轻质砖和砌块项目表，选择定额编号为并计算该工程的人、材、机定额消耗量。

第3章 建设工程费用

3.1 山东省建设工程费用项目组成及计算规则

3.1.1 工程费用及计算规则概述

1. 山东省费用计算规则的发展历程

为了适应社会主义市场经济的需要，建立公平竞争机制，规范建筑安装工程计价行为，维护工程建设各方的合法权益，山东省建设厅结合山东省实际，组织制定了《山东省建筑工程费用项目组成及计算规则》及《山东省安装工程费用项目组成及计算规则》，自2003年4月1日起施行。2004年发布《山东省建筑工程费用及计算规则》、《山东省安装工程费用及计算规则》，自2004年4月1日起施行。2006年发布《山东省建筑安装市政工程费用项目组成及计算规则》和《山东省园林绿化工程费用项目组成及计算规则》，2008年发布《山东省房屋修缮工程费用项目组成及计算规则》。2011年发布《山东省建设工程费用项目组成及计算规则》，自2011年8月1日起执行，以前所有相应规则同时废止。

2. 适用范围

《山东省建设工程费用项目组成及计算规则》适用于山东省行政区域内一般工业与建筑、装饰装修、安装、市政、园林绿化、房屋修缮、市政养护维修工程的计价活动，与我省现行建筑、安装、市政、园林绿化、市政养护维护工程消耗量定额、房屋修缮工程计价定额，相应价目表以及《山东省建设工程工程量清单计价规则》配套使用。

3. 山东省建设工程费用项目组成

建设工程费用由直接费、间接费、利润和税金组成。建设工程费用组成如图3-1所示。

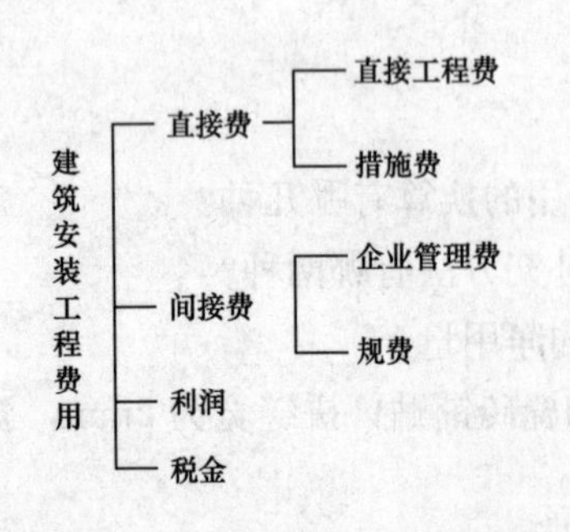

图3-1 建设工程费用项目组成

4. 工程量清单计价工程费用组成

工程量清单计价工程费用由分部分项工程费、措施项目费、其他项目费、规费、税金组成。工程量清单计价工程费用组成如图3-2所示。

分部分项工程费应由分项"实体"工程项目费组成。按"分部分项工程量清单项目设置及其消耗量定额"表规定列项。措施项目费应根据拟建工程的实际，参照措施费用项目确定。

工程量清单计价工程费用计算方法与定额计价各项费用计算方法相同。

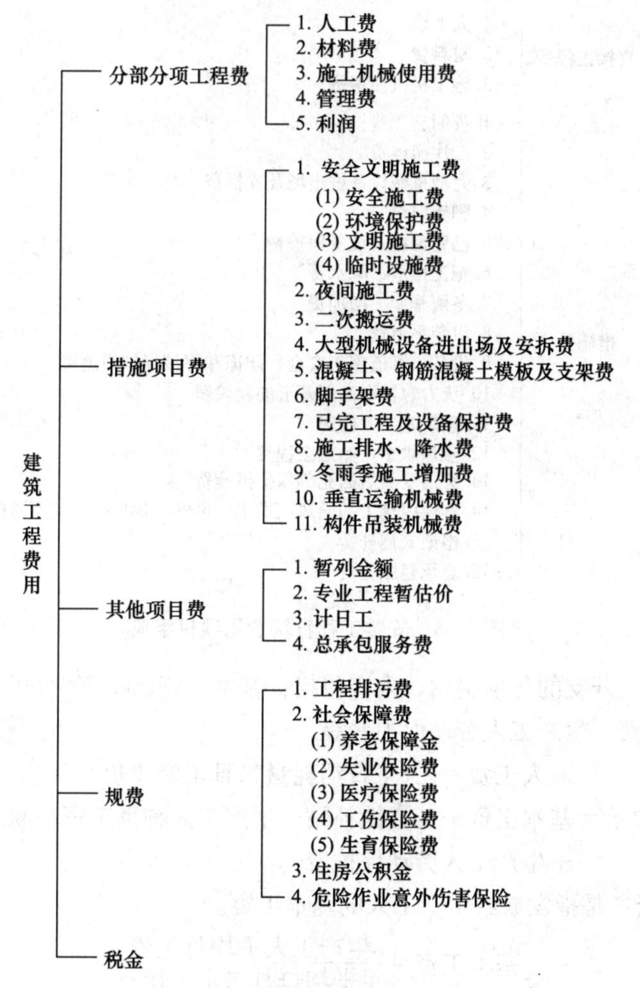

图 3-2 建筑工程工程量清单计价费用构成

3.1.2 直接费

直接费是指在施工过程中直接耗费的构成工程实体和有助于工程形成的各项费用。直接费由直接工程费和措施费组成。建筑、安装工程直接费项目构成如图 3-3 和图 3-4 所示。

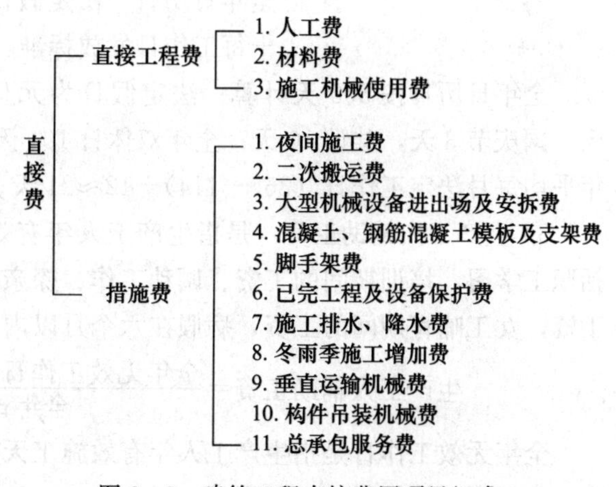

图 3-3 建筑工程直接费用项目组成

1. 直接工程费

直接工程费是指施工过程中耗费的构成工程实体的各项费用，包括人工费、材料费、施工机械使用费。

直接工程费＝人工费＋材料费＋施工机械使用费

(1) 人工费

人工费是指直接从事建筑安装工

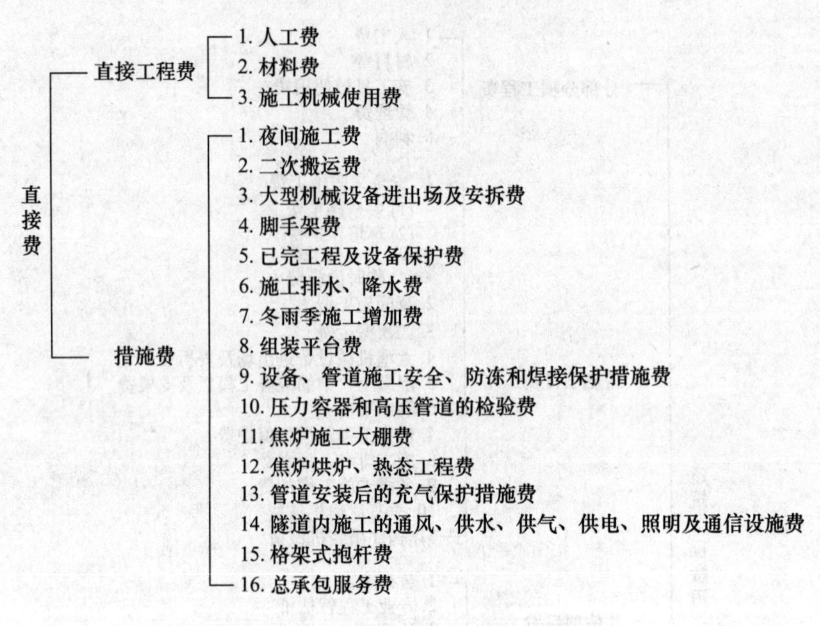

图 3-4 安装工程直接费用项目组成

程施工的生产工人开支的各项费用，内容包括：基本工资、工资性补贴、生产工人辅助工资、职工福利费、生产工人劳动保护费等。

$$人工费=\sum(工日消耗量\times 日工资单价)$$

$$日工资单价=基本工资+工资性补贴+生产工人辅助工资+职工福利费+生产工人劳动保护费$$

1）基本工资：是指发放给生产工人的基本工资。

$$基本工资=\frac{生产工人平均月工资}{年平均每月法定工作日}$$

2）工资性补贴：是指按规定标准发放的物价补贴，煤、燃气补贴，交通补贴，住房补贴，流动施工津贴等。

$$工资性补贴=\frac{\sum 年发放标准}{全年日历日-法定假日}+\frac{\sum 月发放标准}{年平均每月法定工作日}+每工作日发放标准$$

全年日历日按 365 天计算；法定假日为元旦 1 天、春节 3 天、五一国际劳动节 3 天、国庆节 3 天，共计 10 天；全年双休日 104 天（365÷7×2）；则法定假日为 114 天。年平均每月法定工作日（365－114）÷12≈21 天。

3）生产工人辅助工资：是指生产工人年有效施工天数以外非作业天数的工资，包括职工学习、培训期间的工资，调动工作、探亲、休假期间的工资，因天气影响的停工工资，女工哺育期间的工资，病假在六个月以内的工资及产、婚、丧假期的工资等。

$$生产工人辅助工资=\frac{全年无效工作日\times(基本工资+工资性津贴)}{全年日历日-法定假日}$$

全年无效工作日是指生产工人年有效施工天数以外非作业天数，一般为 15 天左右，由企业根据具体情况确定。

4）职工福利费：是指按规定标准计提的职工福利费。

职工福利费=(基本工资+工资性补贴+生产工人辅助工资)×福利费计提比例(%)

5）生产工人劳动保护费：是指按规定标准发放的劳动保护用品的购置费及修理费，徒工服装补贴，防暑降温费，在有碍身体健康环境中施工的保健费用等。

$$生产工人劳动保护费=\frac{生产工人年平均支出劳动保护费}{全年日历日-法定假日}$$

(2) 材料费

材料费是指施工过程中耗费的构成工程实体的原材料、辅助材料、构配件、零件、半成品的费用。内容包括：材料原价（或供应价格）、材料运杂费、采购及保管费、检验试验费。

材料费=∑(材料消耗量×材料基价)+检验实验费

材料单价=[(供应价格+运杂费)×(1+运输损耗率)]×(1+采购保管费率)

1）材料原价（或供应价格）：是指材料的出厂价、进口材料抵岸价或市场批发价。

2）材料运杂费：是指材料自来源地运至工地仓库或指定堆放地点所发生的除运输损耗费以外的全部费用，包括运输费、装卸费、运输包装摊销费。

3）运输损耗费：是指材料在运输装卸过程中不可避免的损耗。

运输损耗费=材料原价(或供应价格)×相应材料损耗率

4）采购及保管费：是指为组织采购、供应和保管材料过程中所需要的各项费用。包括：采购费、仓储费、工地保管费、仓储损耗。

采购及保管费=[(供应价格+运杂费)×(1+运输损耗率)]×采购保管费率

或　　采购及保管费=(供应价格+运杂费+运输损耗费)×采购保管费率

一般材料采购及保管费率为：地方材料及黑色金属材料按材料费2.5%计算，其中采购占1.4%，保管占1.1%；其他材料，按相应材料费的1.0%计算，其中采购占0.4%，保管占0.6%。由于采购提货方式不一样，其采购保管费的计取也不一致。若由施工企业采购提货供至施工现场的，施工单位应计采购及保管费的100%，若由建设单位采购并付款，供应到施工现场的，施工单位计取40%；若建设单位采购并付款，由施工单位运供到施工现场的，施工单位计取60%。

5）检验试验费：是指对建筑材料、构件和建筑安装物进行一般鉴定、检查所发生的费用，包括自设实验室进行实验所耗用的材料和化学药品等费用。不包括新结构、新材料的试验费和建设单位对具有出厂合格证明的材料进行检验，对构件做破坏性实验及其他特殊要求检验试验的费用。

检验试验费=∑(单位材料量检验试验费×材料消耗量)

(3) 施工机械使用费

施工机械使用费是指施工机械工作所发生的机械使用费以及机械安拆费和场外运费。其内容包括：折旧费、大修费、经常修理费、安拆费及场外运费、机上人工费、燃料动力费、养路费及车船使用税。

施工机械使用费=∑(施工机械台班消耗量×机械台班单价)

台班单价＝台班折旧费＋台班大修费＋台班经常修理费＋台班安拆费及场外运费＋台班人工费＋台班燃料动力费＋台班养路费及车船使用税

1）折旧费：指施工机械在规定的使用年限内，陆续收回其原价及购置资金的时间价值。

台班折旧费＝机械预算价格×(1－残值率)×时间价值系数/耐用总台班

2）大修理费：指施工机械按规定的大修理间隔台班进行必要的大修理，以恢复其正常功能所需的费用。

台班大修理费＝一次大修理费×寿命期内大修理次数/耐用总台班

3）经常修理费：指施工机械除大修理以外的各级保养和临时故障排除所需的费用。包括为保障机械正常运行所需替换设备与随机配备工具附具的摊销和维护费用，机械运转中日常保养所需润滑与擦拭的材料费用及机械停滞期间的维护和保养费等。

$$经常修理费=\frac{\sum(各级保养一次费用\times寿命期内各级保养次数)+临时故障排除费}{耐用总台班}+替换设备台班摊销费+工具附具台班摊销费+例保辅料费$$

4）安拆费及场外运费：安拆费指施工机械在现场进行安装与拆卸所需的人工、材料、机械和试运转费用以及机械辅助设施的折旧、搭设、拆除等费用；场外运费指施工机械整体或分体自停放地点运至施工现场或由一施工地点运至另一施工地点的运输、装卸、辅助材料及架线等费用。

5）人工费：指机上司机（司炉）和其他操作人员的工作日人工费及上述人员在施工机械规定的年工作台班以外的人工费。

6）燃料动力费：指施工机械在运转作业中所消耗的固体燃料（煤、木材）、液体燃料（汽油、柴油）及水、电等。

7）养路费及车船使用税：指施工机械按照国家规定和有关部门规定应缴纳的养路费、车船使用税、保险费及年检费等。

2. 措施费

措施费是指为完成工程项目施工，发生于该工程施工前和施工过程中非工程实体项目的费用。措施费分通用措施费项目和专用措施费项目两部分，通用措施项目参照省发布费率计取，专用措施费项目按定额规定或施工组织设计计算。

(1) 建筑工程措施项目共计 11 项，内容包括：

1）夜间施工费：是指因夜间施工所发生的夜班补助费、夜间施工降效、夜间施工照明设备摊销及照明用电等费用。

2）二次搬运费：是指因施工场地狭小等特殊情况而发生的二次搬运费用。

3）大型机械设备进出场及安拆费：是指机械整体或分体自停放场地运至施工现场或由一个施工地点运至另一个施工地点，所发生的机械进出场运输转移费用及机械在施工现场进行安装、拆卸所需的人工费、材料费、机械费、试运转费和安装所需的辅助设施的费用。

4）混凝土、钢筋混凝土模板及支架费：是指混凝土施工过程中需要的各种钢模板、木模板、支架等的支、拆、运输费用及模板、支架的推销（或租赁）费用。

5）脚手架费：是指施工需要的各种脚手架搭、拆、运输费用及脚手架的摊销（或租赁）费用。

6）已完工程及设备保护费：是指竣工验收前，对已完工程及设备进行保护所需费用。

7）施工排水、降水费：是指为确保工程在正常条件下施工，采取各种排水、降水措施降低地下水位所发生的各种费用。

8）冬雨季施工增加费：指在冬、雨季施工期间，为保证工程质量，采取保温、防护措施所增加的费用，以及因工效和机械作业效率降低所增加的费用。

9）垂直运输机械费：指工程施工需要的垂直运输机械使用费。

10）构件吊装机械费：指混凝土、金属构件等的机械吊装费用。

11）总承包服务费：指为配合、协调招标人进行的工程分包和材料采购所需的费用。总承包服务费按相应规定计取。

（2）安装工程措施项目。安装工程措施项目共计 16 项，其中：①夜间施工费；②二次搬运费；③脚手架费；④大型机械设备进出场及安拆费；⑤已完工程及设备保护费；⑥施工排水、降水费；⑦冬、雨季施工增加费；⑧总承包服务费共计 8 项同建筑工程措施费。与建筑工程不同的措施项目有以下 8 项：

1）组装平台费：为现场组装设备或钢结构而搭设的平台所发生的费用。

2）设备、管道施工安全、防冻和焊接保护措施费：为保证设备、管道施工质量、人身安全而采取的措施所发生的费用。

3）压力容器和高压管道的检验费：为保证压力容器和高压管道的安全质量，根据有关规定对其检测所发生的费用。

4）焦炉施工大棚费：为改善施工条件、保证施工质量，搭设的临时性大棚所发生的费用。

5）焦炉烘炉、热态工程费：为烘炉而发生的砌筑、拆除、热态劳动保护等所发生的费用。

6）管道安装后的充气保护措施费：按规定洁净度要求高的管道，在使用前实施充气保护所发生的费用。

7）隧道内施工的通风、供水、供气、供电、照明及通信设施费：为满足隧道内施工的要求，临时设置的通风、供水、供气、供电、照明及通信设施所发生的费用。

8）格架式抱杆费：为满足安装工程吊装的需要而发生的格架势抱杆使用费。

3.1.3 间接费

间接费由规费、企业管理费组成。间接费组成如图 3－5 所示。

一、规费

规费是指政府和有关权力部门规定必须缴纳的费用（简称规费）。包括：

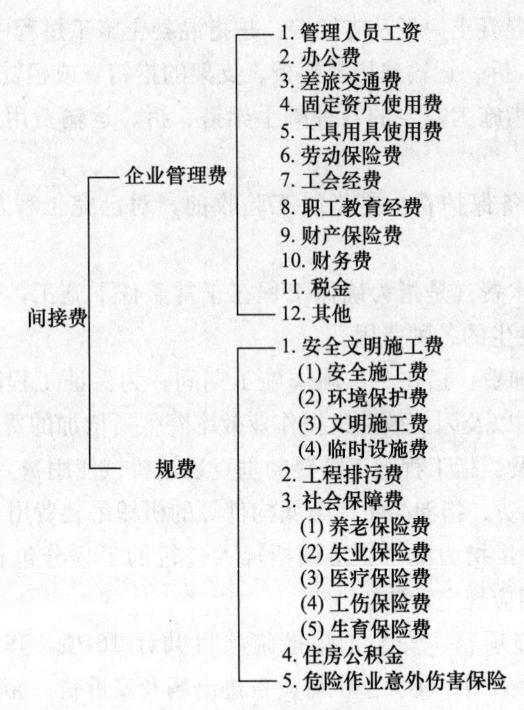

图 3-5　间接费组成表

1. 安全文明施工费

(1) 安全施工费：是指按《建设工程安全生产管理条例》规定，为保证施工现场安全施工所必需的各项费用。

(2) 环境保护费：是指施工现场为达到环保部门要求所需要的各项费用。

(3) 文明施工费：是指施工现场文明施工所需要的各项费用。

(4) 临时设施费：是指施工企业为进行建筑工程施工所必须搭设的生活和生产用的临时建筑物、构筑物和其他临时设施费用等。

临时设施包括：临时宿舍、文化福利及公用事业房屋与构筑物、仓库、办公室、加工厂以及规定范围内道路、水、电、管线等临时设施和小型临时设施。

临时设施费用包括：临时设施的搭设、维修、拆除费或摊销费。临时设施费由以下三部分组成：

1) 周转使用临建：如活动房屋；

2) 一次性使用临建：如简易建筑；

3) 其他临时设施：如临时管线。

2. 工程排污费

工程排污费是指施工现场按规定缴纳的工程排污费。

3. 社会保障费

(1) 养老保障金：是指企业按省财政厅、省建设厅鲁财综［2003］25 号文件的规定标准为职工缴纳的养老保障金。

(2) 失业保险费：是指企业按照国家规定标准为职工缴纳的失业保险费。

（3）医疗保险费：是指企业按照规定标准为职工缴纳的基本医疗保险费。

4. 住房公积金

住房公积金是指企业按规定标准为职工缴纳的住房公积金。

5. 危险作业意外伤害保险

危险作业意外伤害保险是指按照建筑法规定，企业为从事危险作业的建筑安装施工人员支付的意外伤害保险费。

$$规费=(直接费+企业管理费+利润)\times规费费率$$

规费费率应根据本地区典型工程发承包价的分析资料综合取定，其计算所需数据如下：

① 每万元发承包价中人工费含量和机械费含量。

② 人工费占直接费的比例。

③ 每万元发承包价中所含规费缴纳标准的各项基数。

规费费率的计算公式如下：

（1）以直接费为计算基础：

$$规费费率(\%)=\frac{\sum规费缴纳标准\times每万元发承包价计算基数}{每万元发承包价中的人工费含量}\times人工费占直接费的比例(\%)$$

（2）以人工费和机械费合计为计算基础：

$$规费费率(\%)=\frac{\sum规费缴纳标准\times每万元发承包价计算基数}{每万元发承包价中的人工费含量和机械费含量}\times100\%$$

（3）以人工费为计算基础：

$$规费费率(\%)=\frac{\sum规费缴纳标准\times每万元发承包价计算基数}{每万元发承包价中的人工费含量}\times100\%$$

二、企业管理费

企业管理费是指建筑安装企业组织施工生产和经营管理所需费用。内容包括：

（1）管理人员工资：是指管理人员的基本工资、工资性补贴、职工福利费、劳动保护费等。

（2）办公费：是指企业管理办公用的文具、纸张、账表、印刷、邮电、书报、会议、水电、烧水和集体取暖（包括现场临时宿舍取暖）用煤等费用。

（3）差旅交通费：是指职工因公出差、调动工作的差旅费、住勤补助费，市内交通费和餐费补助，职工探亲路费，劳动力招募费，职工离退休、退职一次性路费，工伤人员就医路费，工地转移费以及管理部门使用的交通工具的油料、燃料、养路费及牌照费。

（4）固定资产使用费：是指管理和实验部门及附属生产单位使用的属于固定资产的房屋、设备仪器等的折旧、大修、维修或租赁费。

（5）工具用具使用费：是指管理使用的不属于固定资产的生产工具、器具、家具、交通工具和检验、实验、测绘、消防用具等的购置、维修和摊销费。

（6）劳动保险费：是指由企业支付离退休职工的易地安家补助费、职工退职金、六个月以上的病假人员工资、职工死亡丧葬补助费、抚恤费、按规定支付给离休干部的各项经费。

(7) 工会经费：是指企业按职工工资总额计提的工会经费。

(8) 职工教育经费：是指企业为职工学习先进技术和提高文化水平，按职工工资总额计提的费用。

(9) 财产保险费：是指施工管理用财产、车辆保险。

(10) 财务费：是指企业为筹集资金而发生的各种费用。

(11) 税金：是指企业按规定缴纳的房产税、车船使用税、土地使用税、印花税等。

(12) 其他：包括技术转让费、技术开发费、业务招待费、绿化费、广告费、公证费、法律顾问费、审计费、咨询费等。

$$企业管理费=(直接工程费+措施费)\times 企业管理费费率$$

企业管理费费率计算公式如下：

1) 以直接费为计算基础：

$$企业管理费费率（\%）=\frac{生产工人年平均管理费}{年有效施工天数\times 人工单价}\times 人工费占直接费比例（\%）$$

2) 以人工费和机械费合计为计算基础：

$$企业管理费费率（\%）=\frac{生产工人年平均管理费}{年有效施工天数\times(人工单价+每一日机械使用费)}\times 100\%$$

3) 以人工费为计算基础：

$$企业管理费费率（\%）=\frac{生产工人年平均管理费}{年有效施工天数\times 人工单价}\times 100\%$$

3.1.4 利润

利润是指施工企业完成所承包工程获得的盈利。费用定额规定的利润率是按拟建工程类别确定的，即按其工程分类及结构、规模和施工难易程度等因素实施差别利率。施工企业可依据企业的经营管理水平和建筑市场供求情况，自行确定本企业的利润率。

$$利率=(直接工程费+措施费)\times 利润率$$

$$利润率=\frac{典型工程利润}{典型工程直接费+措施费}$$

3.1.5 税金

税金是指国家税法规定的应计入建筑安装工程造价内的营业税、城市维护建设税及教育费附加等。该费用由施工企业代收，并按规定及时足额缴纳给工程所在地的税务部门。营业税按含税造价的3%计取；城市维护建设税按营业税缴纳额的相应比例计取，其比例是区别不同纳税地点确定的，即纳税地点在市区内为7%，纳税地点在县城、镇内为5%，纳税地点不在市区、县城、镇内的为1%；教育费附加按营业税的3%计取。

$$税金=税前造价(含利润)\times 税率（\%）$$

税率计算公式如下：

(1) 纳税地点在市区的：

$$税率=\frac{1}{1-3\%-(3\%\times 7\%)-(3\%\times 3\%)}-1=3.41\%$$

(2) 纳税地点在县城、镇的：

$$税率=\frac{1}{1-3\%-(3\%\times5\%)-(3\%\times3\%)}-1=3.35\%$$

(3) 纳税地点不在市区、县城、镇的：

$$税率=\frac{1}{1-3\%-(3\%\times1\%)-(3\%\times3\%)}-1=3.22\%$$

我省建筑工程税率自2011年8月1日起按纳税地点分别调整为3.48%、3.41%和3.28 %。

3.2 工程类别划分

3.2.1 建筑及装饰装修工程类别划分标准

1. 工程类别的划分及作用

工程类别划分标准，是根据不同的单位工程，按其施工难易程度，结合本省建筑市场实际情况确定的。建筑工程的工程类别按工业建筑工程、民用建筑工程、构筑物工程、单独土石方工程、桩基础工程分列并分若干类别。

工程类别划分标准是按工程施工难易程度计取有关费用的依据；同时也是企业编制投标报价的参考。

2. 工程类别及范围

(1) 工业建筑工程：指从事物质生产和直接为物质生产服务的建筑工程。一般包括：生产（加工、储运）车间、实验车间、仓库、民用锅炉房和其他生产用建筑物。

(2) 装饰装修工程：指建筑物主体结构完成后，在主体结构表面及相关部位进行抹灰、镶贴和铺挂面层等，以达到建筑设计效果的装饰装修工程。

(3) 民用建筑工程：指直接用于满足人们物质和文化生活需要的非生产性建筑物。一般包括：住宅及各类公用建筑工程。

科研单位独立的实验室、化验室按民用建筑工程确定工程类别。

(4) 构筑物工程：指与工业或民用建筑配套、或独立于工业与民用建筑工程的工程。一般包括：烟囱、水塔、仓类、池类等。

(5) 桩基础工程：指天然地基上的浅基础不能满足建筑物和构筑物的稳定要求，而采用的一种深基础。主要包括各种现浇和预制混凝土桩及其他桩基础。

(6) 单独土石方工程：指建筑物、构筑物、市政设施等基础土石方以外的，且单独编制概预算的土石方工程。包括土石方的挖、填、运等。

3. 建筑工程类别划分标准

建筑工程类别划分标准见表3-1。

4. 使用说明

(1) 工程类别的确定，以单位工程为划分对象。

(2) 与建筑物配套的零星项目，如化粪池、检查井等，按相应建筑物的类别确定工程类别。其他附属项目，如围墙、院内挡土墙、庭院道路、室外管沟架，按建筑工程Ⅲ

类标准确定类别。

表 3-1　　　　建筑工程类别划分标准

<table>
<tr><th colspan="4" rowspan="2">工程名称</th><th rowspan="2">单位</th><th colspan="3">工程类别</th></tr>
<tr><th>Ⅰ</th><th>Ⅱ</th><th>Ⅲ</th></tr>
<tr><td rowspan="3">工业建筑工程</td><td colspan="2">钢结构</td><td>跨度
建筑面积</td><td>m
m^2</td><td>>30
>16000</td><td>>18
>10000</td><td>≤18
≤10000</td></tr>
<tr><td rowspan="2">其他结构</td><td>单层</td><td>跨度
建筑面积</td><td>m
m^2</td><td>>24
>10000</td><td>>18
>6000</td><td>≤18
≤6000</td></tr>
<tr><td>多层</td><td>檐高
建筑面积</td><td>m
m^2</td><td>>50
>10000</td><td>>30
>6000</td><td>≤30
≤6000</td></tr>
<tr><td rowspan="4">民用建筑工程</td><td rowspan="2">公用建筑</td><td>砖混结构</td><td>檐高
建筑面积</td><td>m
m^2</td><td>—
—</td><td>30<H<50
6000<S<10000</td><td>≤30
≤6000</td></tr>
<tr><td>其他结构</td><td>檐高
建筑面积</td><td>m
m^2</td><td>>60
>12000</td><td>>30
>8000</td><td>≤30
≤8000</td></tr>
<tr><td rowspan="2">居住建筑</td><td>砖混结构</td><td>层数
建筑面积</td><td>层
m^2</td><td>—
—</td><td>8<N<12
8000<S<12000</td><td>≤8
≤8000</td></tr>
<tr><td>其他结构</td><td>层数
建筑面积</td><td>层
m^2</td><td>>18
>12000</td><td>>8
>8000</td><td>≤8
≤8000</td></tr>
<tr><td rowspan="4">构筑物工程</td><td>烟囱</td><td colspan="2">混凝土结构高度</td><td>m</td><td>>100
>60</td><td>>60
>40</td><td>≤60
≤40</td></tr>
<tr><td>水塔</td><td colspan="2">高度
容积</td><td>m
m^3</td><td>>60
>100</td><td>>40
>60</td><td>≤40
≤60</td></tr>
<tr><td>筒仓</td><td colspan="2">高度
容积（单体）</td><td>m
m^3</td><td>>35
>2500</td><td>>20
>1500</td><td>≤20
≤1500</td></tr>
<tr><td>储池</td><td colspan="2">容积（单体）</td><td>m^3</td><td>>3000</td><td>>1500</td><td>≤1500</td></tr>
<tr><td colspan="2">单独土石方工程</td><td colspan="2">单独挖、填土石方</td><td>m^3</td><td>>15000</td><td>>10000</td><td>5000<体积<10000</td></tr>
<tr><td colspan="2">桩基础工程</td><td colspan="2">桩长</td><td>m</td><td>>30</td><td>>12</td><td>≤12</td></tr>
</table>

（3）建筑物、构筑物的高度，自设计室外地坪算起，至屋面檐口高度。高出屋面的电梯间、水箱间、塔楼等不计算高度。建筑物的面积，按建筑面积计算规则的规定计算。建筑物的跨度，按设计图示尺寸标注的轴线跨度计算。

（4）非工业建筑的钢结构工程，参照工业建筑工程的钢结构工程确定工程类别。

（5）居住建筑的附墙轻型框架结构，按砖混结构的工程类别套用；但设计层数大于18层，或建筑面积大于12000m^2 时，按居住建筑其他结构的Ⅰ类工程套用。

（6）工业建筑的设备基础，单位混凝土体积大于1000m^3，按构筑物Ⅰ类工程计算；单位混凝土体积大于600m^3，按构筑物Ⅱ类工程计算；单位混凝土体积大于50m^3 小于600m^3 按构筑物Ⅲ类工程计算；小于50m^3 的设备基础按相应建筑物或构筑物的工程类别确定。

（7）同一建筑物结构形式不同时，按建筑面积大的结构形式确定工程类别。

（8）强夯工程，均按单独土石方工程Ⅱ类执行。

(9) 装饰工程类别划分标准见表3-2。

表3-2　装饰工程类别划分标准

工程名称	工程类别		
	Ⅰ	Ⅱ	Ⅲ
工业与民用建筑	四星级宾馆以上	三星级宾馆	二星级宾馆以下
单独外墙装饰	幕墙高度50m以上	幕墙高度30m以上	幕墙高度30m以下（含）

1) 民用建筑中的特殊建筑，包括影剧院、体育馆、展览馆、高级会堂等建筑的装饰工程类别，均按Ⅰ类工程确定。

2) 民用建筑中的公用建筑，包括综合楼、办公楼、教学楼、图书馆等建筑的装饰工程类别，均按Ⅱ类工程确定。

3) 一般居住类建筑的装饰均按Ⅲ类工程确定。

4) 单独招牌、灯箱、美术字为Ⅲ类工程。

5) 单独外墙装饰包括幕墙工程、各种外墙干挂。

(10) 工程类别划分标准中有两个指标的，确定类别时只需满足其中一个指标，就高不就低。

3.2.2 安装工程类别划分标准

1. 说明

(1) 安装工程类别的划分，是根据各专业安装工程的功能、规模、繁简、施工技术难易程度，结合本省安装工程实际情况制定的。

(2) 工程类别划分标准，是工程建设各方为评定工程类别等级、确定有关费用的依据，是共同遵循的统一标准。

(3) 工程类别等级，均以单位工程划分，一个单位工程一般只定一个等级类别。

(4) 一个单位工程中有多个不同的工程类别标准时，则依据主体设备，或主要部分的标准确定。

(5) 对于民用工程中列有单独标准的专业工程，可单独确定工程类别。

(6) 水塔、水池的安装工程及工业建筑物中未设计工业设备的安装工程，其类别按相应建筑工程的类别标准确定安装工程类别等级。

(7) 弱电工程是指电视监控、安全防范、办公自动化、通信广播、电视共用天线等系统。

(8) 该标准缺项时，拟定为Ⅰ类工程的项目由省工程造价管理机构核准；Ⅱ、Ⅲ类工程项目由市工程造价管理机构核准，并报省工程造价管理机构备案。

2. 安装工程类别划分标准

安装工程类别划分标准分设备安装工程类别划分标准和炉窑砌筑工程类别划分标准两部分。

(1) 设备安装工程

设备安装工程类别划分标准见表3-3。

表 3-3　　设备安装工程类别划分标准

<table>
<tr><th>工程类别</th><th>工程类别标准</th></tr>
<tr><td>Ⅰ类</td><td>1. 台重≥35t 各类机械设备；精密数控（程控）机床；自动、半自动生产工艺装置；配套功率≥1500kW 的压缩机（组）、风机、泵类设备；国外引进成套生产装置的安装工程。
2. 主钩起重量≥50t、门式≥20t 起重设备及相应轨道；运行速度≥1.5m/s 自动快速、高速电梯；宽度≥1000mm 或输送长度≥100m 或斜度≥10°的胶带输送机安装。
3. 容量≥1000kV·A 变配电装置；电压≥6kV 架空线路及电缆敷设工程；全面积防爆电气工程。
4. 中压锅炉和汽轮发电机组、各型散装锅炉设备及其配套的安装工程。
5. 各类压力容器、塔器等制作、组对、安装；台重≥40t 各类静置设备安装；电解槽、电除雾、电除尘及污水处理设备安装。
6. 金属重量≥50t 工业炉；炉膛内径 ϕ≥2000mm 煤气发生炉及附属设备；乙炔发生设备及制氧设备安装。
7. 容量≥5000m³ 金属储罐、容量≥1000m³ 气柜制作安装；球罐组装；总重>50t 或高度>60m 火炬塔架制作安装。
8. 制冷量≥4.2MW 制冷站、供热量≥7MW 换热站安装工程。
9. 工业生产微机控制自动化装置及仪表安装、调试。
10. 中、高压或有毒、易燃、易爆工作介质或有探伤要求的工艺管网（线）；试验压力≥1.0MPa 或管径 ϕ≥500mm 的铸铁给水管网（线）；管径 ϕ≥800mm 的排水管网（线）。
11. 附属于上述工程各种设备及其相关的管道、电气、仪表、金属结构及其刷油、绝热、防腐蚀工程。
12. 净化、超净、恒温、恒湿通风空调系统；作用建筑面积≥10000m² 民用工程集中空调（含防排烟）系统安装。
13. 作用建筑面积≥5000m² 的自动灭火消防系统；智能化建筑物中的弱电安装工程。
14. 专业用灯光、音响系统。</td></tr>
<tr><td>Ⅱ类</td><td>1. 台重<35t 各类机械设备；配套功率<1500kW 的压缩机（组）、风机、泵类设备；引进主要设备的安装工程。
2. 主钩起重量≥5t 桥式、门式、梁式、壁行及旋臂起重机及其轨道安装；运行速度<1.5m/s 自动、半自动电梯；自动扶梯、自动步行道；Ⅰ类以外其他输送设备安装。
3. 容量<1000kV·A 变配电装置；电压<6kV 架空线路及电缆敷设工程；工业厂房及厂区照明工程。
4. 蒸发量≥4t/h 各型快装（含整装燃油、气）、组装锅炉及其配套工程。
5. 各类常压容器及工艺金属结构制作、安装；台重<40t 各类静置设备安装。
6. Ⅰ类以外的工业炉设备安装。
7. Ⅰ类以外的金属储罐、气柜、火炬塔架等制作安装。
8. Ⅰ类以外的制冷、换热站安装工程。
9. 未有探伤要求的工艺管网（线）；试验压力<1.0MPa 的铸铁给水管网（线）；管径 ϕ<800mm 的排水管网（线）。
10. 附属于上述工程各种设备及其相关的管道、电气、仪表、金属结构及其刷油、绝热、防腐蚀工程。
11. 工业厂房除尘、排毒、排烟、通风和分散式（局部）空调系统；作用建筑面积<10000m² 民用工程集中空调（含防排烟）系统安装。
12. 作用建筑面积<5000m² 的自动灭火消防系统；非智能化建筑物中的弱电安装工程。
13. Ⅰ类、Ⅱ类民用建筑工程中及其室外配套的低压供电、照明、防雷接地、采暖、给排水、卫生、消防（消火栓系统）、燃气系统安装。</td></tr>
<tr><td>Ⅲ类</td><td>1. 台重≤5t 各类机械设备；配套功率<300kW 的压缩机（组）、风机、泵类设备；Ⅰ、Ⅱ类工程以外的梁式、壁行、旋臂起重机及其轨道；各型电动葫芦、单轨小车及轨道安装；小型杂物电梯安装。
2. 蒸发量<4t/h 各型快装（含整装燃油、气）锅炉、常压锅炉及其配套工程。
3. 台重≤5t 的静置设备安装。
4. Ⅲ类民用建筑及其室外配套的低压供电、照明、防雷接地、采暖、给排水、卫生、消防（消火栓系统）、燃气系统安装。
5. Ⅰ、Ⅱ类工程以外的安装工程。</td></tr>
</table>

(2) 炉窑砌筑工程

炉窑砌筑工程类别划分标准见表3-4。

表3-4　炉窑砌筑工程类别划分标准

工程类别	工程类别标准
Ⅰ类	1. 专业炉窑设备的砌筑 2. 中压锅炉、各类型散装锅炉的炉体砌筑
Ⅱ类	一般炉窑设备的砌筑
Ⅲ类	Ⅰ、Ⅱ类工程以外的炉体砌筑

3.2.3 建筑安装工程费率

建筑安装工程费率包括企业管理费、利润、税金和措施费、规费费率。

1. 建筑工程费用费率

(1) 企业管理费、利润、税金

建筑工程企业管理费、利润、税金费率见表3-5。

表3-5　企业管理费、利润、税金费率　%

工程名称及类别 / 费用名称		工业、民用建筑工程			构筑物工程		
		Ⅰ	Ⅱ	Ⅲ	Ⅰ	Ⅱ	Ⅲ
企业管理费		8.7	6.9	5.0	6.9	6.2	4.0
利润		7.4	4.2	3.1	6.2	5.0	2.4
税金	市区	3.48					
	县城、城镇	3.41					
	市县镇以外	3.28					

工程名称及类别 / 费用名称		单独土石方工程			桩基础工程			装饰工程		
		Ⅰ	Ⅱ	Ⅲ	Ⅰ	Ⅱ	Ⅲ	Ⅰ	Ⅱ	Ⅲ
企业管理费		5.7	4.0	2.4	4.5	3.4	2.4	102	81	49
利润		4.6	3.3	1.4	3.5	2.7	1.0	34	22	16
税金	市区	3.48								
	县城、城镇	3.41								
	县镇以外	3.28								

注　我省税率2011年8月1日前按纳税地点分别为3.44%、3.38%和3.25%。

(2) 措施费、规费费率

建筑、装饰工程措施费、规费费率见表3-6。

措施费有关事项说明：

1) 装饰工程已完工程及设备保护费取费基础为省价直接工程费，其他项目取费基础均为定额人工费。

2) 措施费中人工费含量：夜间施工费、冬雨季施工增加费及二次搬运费为20%，其余为10%。

表 3-6　　措施费、规费费率　　%

费用名称		建筑工程	装饰工程
措施费	夜间施工费	0.7	4.0
	二次搬运费	0.6	3.6
	冬雨季施工增加费	0.8	4.5
	已完工程及设备保护费	0.15	0.15
	总承包服务费	3	
	安全施工费	2.0	2.0
	环境保护费	0.11	0.12
	文明施工费	0.29	0.10
	临时设施费	0.72	1.62
规费	工程排污费	按工程所在地设区市相关规定计算	
	社会保障费	2.6	
	住房公积金	按工程所在地设区市相关规定计算	
	危险作业意外伤害保险	按工程所在地设区市相关规定计算	

2. 安装工程费用费率

安装工程企业管理费、利润、规费、措施费、税金费率见表 3-7。

表 3-7　　企业管理费、利润、税金费率　　%

费用名称		设备安装工程			炉窑砌筑工程		
		Ⅰ	Ⅱ	Ⅲ	Ⅰ	Ⅱ	Ⅲ
企业管理费		63	52	40	130	108	83
利润		38	30	23	85	70	45
夜间施工费		2.6			6.8		
二次搬运费		2.2			5.8		
冬雨季施工增加费		2.9			7.6		
已完工程及设备保护费		1.3			3.4		
总承包服务费		3					
安全施工费		2.0（1.0）					
环境保护费		0.3					
文明施工费		0.6					
临时设施费		1.8					
工程排污费		按工程所在地设区市相关规定计算					
社会保障费		2.6					
住房公积金		按工程所在地设区市相关规定计算					
危险作业意外伤害保险		按工程所在地设区市相关规定计算					
税金	市区	3.48					
	县城、城镇	3.41					
	市县镇以外	3.38					

注　我省税率 2011 年 8 月 1 日前按纳税地点分别为 3.44%、3.38%和 3.25%。

表中安全施工费费率：民用安装工程为2.0%，工业安装工程为1.0%。

3.3 建筑安装工程费用计算程序

工程费用计算程序是建筑、装饰装修工程以及安装工程计价活动的依据，其中，实行定额计价方式与实行工程量清单计价方式分别执行相应的计算程序。

3.3.1 定额计价的计算程序

1. 建筑工程

建筑工程定额计价的计算程序见表3-8。

表3-8 建筑工程定额计价的计算程序

序号	费用名称	计算方法
一	直接费	(一)+(二)
	(一) 直接工程费	Σ{工程量×Σ[(定额工日消耗数量×人工单价)+(定额材料消耗数量×材料单价)+(定额机械台班消耗数量×机械台班单价)]}
	(一)′省价直接工程费	Σ（工程量×省基价）
	(二) 措施费	1+2+3
	1. 参照定额规定计取的措施费	按定额规定计算
	2. 参照省发布费率计取的措施费	(一)′×相应费率
	3. 按施工组织设计（方案）计取的措施费	按施工组织设计（方案）计取
	(二)′其中省价措施费	见说明
二	企业管理费	[（一)′+(二)′]×管理费费率
三	利润	[（一)′+(二)′]×利润费
四	规费	(一+二+三)×规费费率
五	税金	(一+二+三+四)×税率
六	建筑工程费用合计	一+二+三+四+五

(1) 参照定额规定计取的措施费是指建筑工程消耗量定额中列有相应子目或规定有计算方法的措施项目费用。例如：混凝土、钢筋混凝土模板及支架、脚手架费、垂直运输机械及超高增加费、构件运输及安装费等。本类中的措施费有些要结合施工组织设计或技术方案计算。

(2) 参照省发布费率计取的措施费是指按省建设行政主管部门根据建筑市场状况和多数企业经营管理情况，技术水平等测算发布了参考费率的措施项目费用。包括夜间施工及冬雨季施工增加费、二次搬运费以及已完工程及设备保护费等。

(3) 按施工组织设计（方案）计取的措施费是指承包人按施工组织设计（技术方案）计算的措施项目费用。例如：大型机械进出地及安拆，施工排水、降水费用等。

(4) 省价措施费是指按照省价目表中的人、材、机单价计算的措施费与按照省发布费率及规定计取的措施费之和。

(5) 计算程序中，直接工程费中的“工程量”，不包括消耗量定额第二章“地基处理与防护”中排水与降水及第十章“施工技术措施项目”。

(6) 措施费中的总承包服务费不计入（二）′中，并且不计取企业管理费和利润。

2. 装饰工程

装饰工程定额计价的费用计算程序见表 3-9。

表 3-9　　装饰工程定额计价的计算程序

序号	费用名称	计算方法
一	直接费	(一)+(二)
	(一) 直接工程费	∑{工程量×∑[(定额工日消耗数量×人工单价)+(定额材料消耗数量×材料单价)+(定额机械台班消耗数量×机械台班单价)]}
	省价人工费 R_1	∑工程量×定额工日消耗数量×省价人工单价
	(二) 措施费	1+2+3
	1. 参照定额规定计取的措施费	按定额规定计算
	2. 参照费率计取的措施费	R_1×相应费率
	3. 按施工组织设计（方案）计取的措施费	按施工组织设计（方案）计取
	其中：省价人工费 R_2	∑省价措施费中的人工费
二	企业管理费	(R_1+R_2)×管理费率
三	利润	(R_1+R_2)×利润费
四	规费	(一+二+三)×规费费率
五	税金	(一+二+三+四)×税率
六	建筑工程费用合计	一+二+三+四+五

注　措施费中省价人工费 R_2，是指按照省价目表中人工单价计算的人工费与按照省发布费率及规定计取的人工费之和。

3. 安装工程

安装工程定额计价的计算程序见表 3-10。

表 3-10　　安装工程定额计价的计算程序

序号	费用名称	计算方法
一	直接费	(一)+(二)
	(一) 直接工程费	∑工程量×∑[(定额工日消耗数量×人工单价)+(定额材料消耗数量×材料单价)+(定额机械台班消耗数量×机械台班单价)]
	省价人工费 R_1	∑工程量×定额工日消耗数量×省价人工单价
	(二) 措施费	1+2+3
	1. 参照定额规定计取的措施费	按定额规定计算
	2. 参照费率计取的措施费	∑R_1×相应费率
	3. 按施工组织设计（方案）计取的措施费	按施工组织设计（方案）计取

续表

序号	费用名称	计算方法
	省价人工费 R_2	省价措施费中的人工费之和
二	企业管理费	(R_1+R_2)×管理费费率
三	利润	(R_1+R_2)×利润费
四	规费	(一＋二＋三)×规费费率
五	税金	(一＋二＋三＋四)×税率
六	安装工程费用合计	一＋二＋三＋四＋五

3.3.2 工程量清单计价的计算程序

工程费用及计算规则中的管理费率、利润率、税率、措施项目费率和规费费率也可用于建筑、装饰装修工程以及安装工程的工程量清单计价。在计算工程量清单中的措施项目金额时，建筑工程措施项目费率＝措施费率×(1＋企业管理费率＋利润率)，装饰装修工程措施项目费率＝措施费率＋措施费率×其中人工含量比例×(企业管理费率＋利润率)。

1. 建筑工程

建筑工程工程量清单计价的计算程序见表3-11。

2. 装饰工程

装饰工程工程量清单计价的计算程序见表3-12。

表3-11　建筑工程工程量清单计价的计算程序

序号	费用项目名称	计算方法
一	分部分项工程费合价	$\sum_{i=1}^{n} J_i * L_i$
	分部分项工程费单价（J_i）	1+2+3+4+5
	1. 人工费	∑清单项目每计量单位工日消耗量×人工单价
	1′. 人工费	∑清单项目每计量单位工日消耗量×省价目表单价
	2. 材料费	∑清单项目每计量单位材料消耗量×材料单价
	2′. 材料费	∑清单项目每计量单位材料消耗量×省价材料单价
	3. 施工机械使用费	∑清单项目每计量单位机械台班消耗量×机械台班单价
	3′. 施工机械使用费	∑清单项目每计量单位机械台班消耗量×省价台班单价
	4. 企业管理费	(1′+2′+3′)×管理费费率
	5. 利润	(1′+2′+3′)×利润率
	分部分项工程量（L_i）	按工程量清单数量计算
二	措施项目费	∑单项措施费
	单项措施费	1. 按费率及取得措施费：(1′+2′+3′)×措施费费率×(1+管理费费率+利润率) 2. 参照定额或施工方案计取的措施费：某措施费项目人材机费之和+省价措施项目人材机费之和×(管理费费率+利润率)

续表

序号	费用项目名称	计算方法
三	其他项目费	1+2+3+4（结算时2+3+4+5+6）
	1. 暂列金额	按省清单计价规则规定
	2. 特殊项目费用	按省清单计价规则规定
	3. 计日工	按省清单计价规则规定
	4. 总承包服务费	专业分包工程费×费率
	5. 索赔与现场签证	按省清单计价规则规定
	6. 价格调整费用	按省清单计价规则规定
四	规费	(一+二+三)×规费费率
五	税金	(一+二+三+四)×税率
六	建筑工程费用合计	一+二+三+四+五

表3-12　　装饰工程工程量清单计价的计算程序

序号	费用项目名称	计算方法
一	分部分项工程费合价	$\sum_{i=1}^{n} J_i * L_i$
	分部分项工程费单价（J_i）	1+2+3+4+5
	1. 人工费	∑清单项目每计量单位工日消耗量×人工单价
	1′. 人工费	∑清单项目每计量单位工日消耗量×省价人工单价
	2. 材料费	∑清单项目每计量单位材料消耗量×材料单价
	3. 施工机械使用费	∑清单项目每计量单位机械台班消耗量×机械台班单价
	4. 企业管理费	1′×管理费费率
	5. 利润	1′×利润率
	分部分项工程量（L_i）	按工程量清单数量计算
二	措施项目费	∑单项措施费
	单项措施费	1. 按费率及取得措施费：1′×措施费费率×[1+H×(管理费费率+利润率)] 2. 参照定额或施工方案计取的措施费：某措施费项目人材机费之和+省价措施项目人工费之和×(管理费费率+利润率)
三	其他项目费	1+2+3+4（结算时2+3+4+5+6）
	1. 暂列金额	按省清单计价规则规定
	2. 特殊项目费用	按省清单计价规则规定
	3. 计日工	按省清单计价规则规定
	4. 总承包服务费	专业分包工程费×费率
	5. 索赔与现场签证	按省清单计价规则规定
	6. 价格调整费用	按省清单计价规则规定
四	规费	(一+二+三)×规费费率
五	税金	(一+二+三+四)×税率
六	建筑工程费用合计	一+二+三+四+五

注　H是指措施费中人工费含量，夜间施工费、冬雨季施工增加费及二次搬运费为20%，其余为10%。

3. 安装工程

安装工程工程量清单计价的计算程序见表3-13。

表3-13　安装工程工程量清单计价的计算程序

序号	费用项目名称	计算方法
一	分部分项工程费合价	$\sum_{i=1}^{n} J_i * L_i$
	分部分项工程费单价（J_i）	1+2+3+4+5
	1. 人工费	∑清单项目每计量单位工日消耗量×人工单价
	1′. 人工费	∑清单项目每计量单位工日消耗量×省价人工单价
	2. 材料费	∑清单项目每计量单位材料消耗量×材料单价
	3. 施工机械使用费	∑清单项目每计量单位机械台班消耗量×机械台班单价
	4. 企业管理费	1′×管理费费率
	5. 利润	1′×利润率
	分部分项工程量（L_i）	按工程量清单数量计算
二	措施项目费	∑单项措施费
	单项措施费	1. 按费率及取得措施费：1′×措施费费率×[1+H×(管理费费率+利润率)] 2. 参照定额或施工方案计取的措施费：某措施费项目人材机费之和+省价措施项目人工费之和×(管理费费率+利润率)
三	其他项目费	1+2+3+4（结算时2+3+4+5+6）
	1. 暂列金额	按省清单计价规则规定
	2. 特殊项目费用	按省清单计价规则规定
	3. 计日工	按省清单计价规则规定
	4. 总承包服务费	专业分包工程费×费率
	5. 索赔与现场签证	按省清单计价规则规定
	6. 价格调整费用	按省清单计价规则规定
四	规费	(一+二+三)×规费费率
五	税金	(一+二+三+四)×税率
六	安装工程费用合计	一+二+三+四+五

注　H是指措施费中人工费含量，夜间施工费、冬雨季施工增加费及二次搬运费为20%，其余为10%。

3.3.3　有关问题说明

上述计算程序及费率摘录自山东省建设厅以鲁建标字［2011］19号文发布的"关于印发《山东省建设工程费用项目组成及计算规则》的通知"，自2011年8月1日起施行。2011年8月1日前已签订合同的工程，可仍按原合同及有关规定执行。工程费用计算程序及费率标准如有调整，应以造价管理部门发布的相应文件为准。

规费中的社会保障费，按省政府鲁政发［1995］101号和省政府办公厅鲁政发

[1995] 77号文件规定，在工程开工前由建设单位向建筑企业劳保机构交纳。企业在投标报价时，不包括该项费用。在编制工程预（结）算时，仅将其作为计税基础。

规费中的安全施工费，在工程发包时，按规定计算出费额，在工程造价中列为暂定金额；工程施工时，由工程发包单位、市建筑安全监督机构、工程造价管理机构对施工现场设置的安全设施内容进行确认，并由市工程造价管理机构核定其费用，作为工程结算的依据。

为加强建设工程安全生产，确保施工从业人员的工作环境，防止施工安全事故的发生，维护建设工程承发包双方的合法权益，山东省建设厅印发了鲁建发[2005] 29号《山东省〈建筑工程安全防护、文明施工措施费用及使用管理规定〉实施细则》（以下简称《细则》）。各市根据《细则》做出相应规定，例如烟台市规定如下：

(1)《细则》中所提及的环境保护费、文明施工费、临时设施费执行《山东省建筑工程费用及计算规则》和《山东省安装工程费用及计算规则》中相应费率和有关说明；安全施工费的费率按烟建工程[2005] 16号《关于发布建筑安装工程规费费率的通知》（附件1）中的规定计取其费用。

(2) 实施招投标的建设项目，招标方或具有资质的中介机构编制招标文件时，在措施费项目中要单独列出环境保护费、文明施工费、临时设施费，在规费中要列出安全施工费。投标方在结合自身条件单独报价时对环境保护费、文明施工费、临时设施费的报价，不得低于按上述第1条规定计算费用总额的90%，安全施工费系规费的一部分，在招投标活动中是不可竞争的费用，要按上述第1条规定全额计取，不得随意提高或降低标准。

(3) 建设单位申请领取施工许可证时，应当将施工合同中约定的安全防护、文明施工措施费用清单及支付计划提交工程建设标准造价管理机构审核，并设立专项费用支付账号，作为保证工程安全和文明施工的具体措施。未提交经审核的《建设工程安全防护、文明施工费用支付计划审核表》和设立专项账户的，建设行政主管部门不予核发施工许可证。

(4) 市、县两级建筑施工安全监督机构要按照现行标准规范对施工现场安全防护、文明施工措施落实情况进行监督检查；工程建设标准造价管理机构和建筑施工安全监督机构负责对建设单位支付及施工单位使用安全防护、文明施工措施费用情况进行监督，并定期组织联合检查。对违反《细则》的建设单位、招标代理机构、施工单位、监理单位和工程造价咨询单位，建设行政主管部门将依据国家有关法律、法规，责令其整改或进行处罚，并依法追究从业人员的法律责任。

(5) 烟台市工程建设标准造价管理办公室将根据烟台市实际情况，适时发布相关费率。

企业管理费率、利润率和部分措施费率按不同的工程类别确定，各种费率（规费、税金除外）是计价活动的参考。

小结

建设工程费用是工程造价的核心，费用项目组成及计算规则由工程造价管理及相关部门制定颁发，是工程计价的重要依据之一。要做好工程造价工作，必须全面掌握工程费用项目组成及计算规则。

本章的重点一是工程费用及计算规则，二是工程类别划分，三是各项费用费率及计算程序。涉及建筑、装饰及安装工程以及定额计价和清单计价两种计价方式。各类工程的费用组成基本一致，建筑与安装工程仅措施项目有部分项目不同。另外，计算各项费用时要注意其计算基础，如计算管理费和利润时，建筑工程的计算基础是直接费，而装饰和安装工程的计算基础是人工费。在不同的计价方式下，费用的组成及计算程序也不同，但定额计价的工程费用及计算规则中的管理费率、利润率、税率、措施项目费率和规费费率也可用于建筑、装饰装修工程以及安装工程工程量清单计价。

学习本章要与已学过的计价依据和定额基础知识结合起来，弄清“量”、“价”与“费”的关系。

思考与练习

3.1 简述建筑安装工程费用项目组成及计算规则的适用范围。

3.2 简述建筑安装工程费用项目组成。

3.3 简述建筑安装工程工程量清单计价工程费用项目组成。

3.4 工程量清单计价分部分项工程费包括哪些费用？

3.5 什么是直接费？它包括哪些费用？

3.6 什么是直接工程费？它包括哪三部分费用？

3.7 什么是人工费？它包括哪些费用？如何计算？

3.8 什么是材料费？它包括哪些费用？如何计算？

3.9 什么是措施费？它包括哪些费用？如何计算？

3.10 什么是间接费？它包括哪些费用？如何计算？

3.11 什么是规费？它包括哪些费用？如何计算？

3.12 什么是企业管理费？它包括哪些费用？如何计算？

3.13 什么是税金？它包括哪几种税？如何计算？

3.14 为什么要划分工程类别？建筑、装饰及安装工程类别是如何划分的？

3.15 简述定额计价与清单计价的计算程序有何区别。

第4章 施工图预（结）算的编制

4.1 建筑安装工程施工图预（结）算的编制

建设工程的计价方法，按建设部第107号令《建设工程施工发包与承包计价管理办法》规定，主要有工料单价法和综合单价法两大类。传统的施工图预算方法采用工料单价法，工程量清单计价采用综合单价法。107号令规定传统的施工图预算和工程量清单计价在规定的范围可以同时使用。本章主要介绍施工图预算的编制方法。

4.1.1 概述

1. 施工图预算的作用

(1) 施工图预算是设计阶段控制工程造价的重要环节，是控制施工图设计不突破设计概算的重要措施。

(2) 施工图预算是建设单位确定标底，承包商投标报价的参考，也是确定建筑安装工程合同价、工程结算价和工程决算的依据。

(3) 施工图预算是实行建筑工程预算包干的依据。

(4) 施工图预算是建设单位拨付工程款的依据。

(5) 施工图预算所确定的人工、材料、机械台班等消耗量，可作为施工企业编制施工组织计划和劳动力计划、材料计划，统计完成工程数量及考核施工成本的依据。

2. 施工图预（结）算编制的依据

(1) 经过批准和会审的施工图设计文件：编制施工图预算时，不仅要具备完整的施工图设计文件和"图纸会审纪要"，而且要具备与图纸配套标准图集。

(2) 施工组织设计资料或施工方案：施工组织设计资料或施工方案是确定单位工程的施工方法、施工进度计划、施工现场平面布置和主要技术措施等内容的文件；是对建筑安装工程规划、组织施工有关问题的设计说明。如建设地点的土质、地质情况，土石方开挖的施工方法及余土外运方式与运距，施工机械的使用情况，构件预制加工方法及运距，混凝土现场搅拌还是使用商品混凝土，模板的选用，重要的结构施工方案，重要或特殊机械设备的安装方案等。这些资料是计算工程量、选套定额项目及确定费用等的重要依据。

(3) 现行建筑安装工程消耗量定额、工程量计算规则、价目表及费用标准。

(4) 人工、材料、机械台班单价及调价规定。

(5) 工程承发包合同文件：承发包合同文件是确定工程造价的重要依据，合同中议定的各项条款，如工程范围，人工、主要材料价格或计价依据，建设单位自购材料品种，承包形式及分包项目，费率及包干系数等，在编制施工图预算时必须按合同执行。

(6) 预算工作手册：预算工作手册是编制选套定额必备的工具书及相关资料。主要包括各种常用数据和计算公式，各种标准构件的工程量和材料量，金属材料及五金零件手册，单位工程造价指标和构件、材料含量指标，工期定额以及投资估算指标、概算指标等。

(7) 单位工程结算书，还需要施工现场签证、工程索赔等依据资料。

3. 单位工程施工图预算书编制内容

(1) 封面

预算书的封面有统一的格式，应按相应格式填写。用计算机计价软件编制预算时，输入工程信息及所有数据后，软件将自动生成封面等内容，一般不用填写，只需盖章即可。

某住宅楼预算书封面内容见表 4-1。

表 4-1　　建筑工程预算书封面

建设单位：××房屋开发公司	工程编号：
工程名称：××住宅楼	结构类型：框架结构
施工单位：××建筑工程公司（公章）	工程类别：三类
编制单位：××建筑工程公司	编制人：×××（签章）
工程造价：××××××元	建筑面积：××××m^2
单位造价：	编制日期：2005 年×月×日
审核单位：	审核人（签章）
审定造价：	审定日期：　　年　月　日

(2) 编制说明

编制说明一般包括以下几点：

1) 工程概况：如工程名称及结构形式、工程类别、工程所在地水文、地质、交通、水电供应情况等。

2) 编制依据：图纸名称和编号、采用的定额及费用标准、人工、材料单价依据等内容。

3) 有关问题的说明：如是否考虑了设计变更或图纸会审记录的内容，特殊项目的补充单价或补充定额的编制依据，遗留项目和暂估项目及其原因，其他应说明的问题。

4) 存在的问题及以后处理的办法等。

(3) 单位工程费用表

按工料单价法计算工程费用，需按取费程序计算各项费用。单位工程费用表是按费用计算程序计算单位工程的全部费用。表格内容包括序号、费用名称、计算公式和金额四栏；用计算机编制的报表表头列有建设单位、工程名称、机内费用表的序号、取费代码及页码。

(4) 单位工程预算定额表

单位工程预算定额表内容一般包括序号、定额号、项目名称、单位、工程量、定额价、定额合价、工程价、工程合价、定额人工费等；安装工程还列有主材量和主材单价；市政工程一般还列有机械费等。该表在计算机预算软件中只要输入定额号及相应工程量数值，将由软件自动生成，经复核、调整完成，建筑工程预算定额表见表 4-2。

表 4-2　　　　建筑工程预算定额表

建设单位：××房屋开发公司

工程名称：8# 住宅楼　　第（12）号　　当前价格：芝罘 05-6　　第 2 页共 6 页

序号	定额号	项目名称	单位	工程量	定额价	定额合价	工程价	工程合价	人工费
28	4-2-20	现浇混凝土构造柱 M25.3	$10m^3$	1.410	2195.32	3095.40	2423.93	3417.74	607.32
29	4-2-49	现浇混凝土雨篷 M25.3	$10m^3$	0.575	228.30	131.27	246.73	141.87	58.52
		（以下略）							

（5）人材机分析表

人材机分析表包括材料编号、材料名称、单位、数量和工程价。在计算机计价软件中，综合工日也按材料管理。该表是由计算机对所有工程项目的人材机数量进行分析汇总而生成的表格，反映了该单位工程全部的人材机数量。建筑工程人材机分析表见表 4-3。

表 4-3　　　　建筑工程人材机分析表

建设单位：××房屋开发公司

工程名称：8# 住宅楼　　第（12）号　　当前价格：芝罘 05-6　　第 1 页共 3 页

编号	材料名称	单位	数量	工程价	编号	材料名称	单位	数量	工程价
R1	综合工日	工日	6869.3186	22.000	R2	综合工日（装饰用）	工日	2842.5470	22.000
C2	钢筋φ12	t	5.1296	3200.000	C169	32.5MPa 硅酸盐水泥	t	121.9857	240.000
	（以下略）					（以下略）			

（6）调价材料明细表

该表列出了所有调价的材料名称、单位、数量、地区价、选用价、差价单价和差价合价，以便于了解、分析材料价格情况。调价材料明细表格式见表 4-4。

表 4-4　　　　调价材料明细表

建设单位：××房屋开发公司

工程名称：8# 住宅楼　　第（12）号　　当前价格：芝罘 05-6　　第 1 页共 1 页

编号	材料名称	单位	数量	地区价	地区合价	选用价	选用	差价单价	差价合价
C297	花岗岩板	m^2	18.1454	276.140	5013.18	80.00	1452.36	−196.14	−3560.82
C419	瓷砖	m^2	87.7107	62.500	5481.92	20.00	1754.21	−42.50	−3727.70
	（以下略）								

（7）工程量计算表

工程量一般采用表格形式计算，以便于自查和复核。工程量计算表见表 4-5。

表 4-5　　　　工 程 量 计 算 表

工程名称：×××　　　　工程量计算表　　　　第 5 页　共××页

序号	项目名称	计算式	单位	工程量
6	砖外墙 240	M5 混合砂浆　　12＋13＋…	m^3	128.86
1)	首层	[(1) ＋ (2) ＋ (3) － (4)]×0.24－ (5)	m^3	38.06

续表

序号	项目名称	计算式	单位	工程量
1)	(1) 轴	(1) 26.4×2.6=68.64m²		
	⑩轴	(2) (26.4+1.2×4)×2.6=81.12m²		
	ⒶⒹ轴	(3) 10.8×2×2.6=56.16m²		
	扣除：	(4) 门窗洞口：43.6m²（抄自门窗表）		
		(5) GL、GZ：0.91m³（抄自 GL、GZ 计算表）		
2)	二层	[(1)+(2)+(3)−(4)]×0.24−(5)	m³	41.23
	（以下略）			

4.1.2　单位工程施工图预算的编制步骤

1. 收集编制预算的基础文件和有关资料

编制预算的基础文件和有关资料主要包括施工图设计文件、施工组织设计文件、设计概算文件、建筑安装工程消耗量定额（或合同确定的其他定额）及相应的费用标准和工程量计算规则等计价依据资料、工程承包合同文件、材料设备预算价格、人工和机械台班单价、预算工作手册等文件和资料。

2. 熟悉施工图设计文件

施工图纸是编制单位工程预算的基础，熟悉施工图设计文件就是对图纸反映的工程结构、建筑做法、材料品种及其规格质量、尺寸等内容进行联合识读，全面掌握设计内容，为正确、快速计算工程量及合理选套定额项目打好基础。熟悉图纸的步骤如下：

(1) 首先熟悉图纸目录及总说明，了解工程的性质、建筑面积、建设单位名称、设计单位名称以及图纸张数等，做到对工程情况有一个初步了解。

(2) 按图纸目录检查图纸是否齐全，建筑、结构、设备图纸是否配套，施工图纸与说明书是否一致以及各单位工程施工图之间有无矛盾。

(3) 熟悉建筑总平面图，了解建筑物的地理位置、高程、朝向以及工程地质水文情况，建设场地情况及交通、水电供应情况。

(4) 熟悉建筑平面图，了解房屋的长度、宽度、轴线尺寸、开间及进深、平面布置，并核对尺寸。再看立面图和剖面图，了解建筑做法、结构形式、标高尺寸等。要注意平、立、剖之间的对应关系及是否有相互矛盾的地方。发现问题要及时与委托单位或设计部门联系，以取得设计变更资料。

(5) 根据索引查看详图。

(6) 熟悉建筑构件、配件、标准图集及设计变更。根据图纸中注明的图集名称、编号查找图集。查阅时要注意了解图集的总说明，了解使用范围、图集的编号及选用方法、施工要求及注意事项。

3. 熟悉施工组织设计和施工现场情况

施工组织设计是由施工单位根据工程特点、建筑工地的现场情况等各种有关条件编制的，它是预算编制的重要依据之一。预算人员必须熟悉施工组织设计，应重点了解分部分项工程施工方案和施工方法，对构件及加工方法、运输方式和运距、基础土方开挖方式、方法、土方的运输、混凝土现场搅拌还是使用商品混凝土、脚手架及模板的种类、主材设备订货和运输方式等与编制预算有关的问题均应了解清楚。

除了要全面掌握施工图设计内容和施工方案内容外，还应了解施工现场情况。主要是现场的土质类别、场地标高及平整度，地下水情况，道路及供水供电情况等。

4. 划分工程项目和计算工程量

(1) 合理划分工程项目：工程项目的划分主要取决于施工图纸的要求、施工组织设计所采用的方法和定额规定的工程内容。因此，在熟悉定额和有关施工组织设计资料的基础上，根据设计要求确定各分项工程。

(2) 正确计算工程量：工程量计算包括计算准确性和计算速度两个方面。其计算的准确程度和快慢，将直接影响到预算编制的质量和速度。有关工程量的计算方法详4.2节。

5. 单位工程预算书的编制

单位工程预算书的编制目前均应用计算机完成，预算人员根据计价软件的程序要求操作计算机，按规定的格式依次输入预算书封面、编制说明、预算定额编号及相应工程量，软件将自动生成封面、编制说明、预算定额表、工程费用表、人材机分析表、调价材料明细表等。

编制单位工程预算书的一般步骤如下：

(1) 在控制面板的工程概况信息页面里，填写工程概况。

(2) 在编制说明界面填写预算编制说明。

(3) 定额的录入、调整和查询：在定额的命令输入区中输入工程项目的定额编号，并根据实际情况对定额子目进行调整，包括材料的添加、材料的扣除、消耗量的调整等，系统将自动汇总人工、材料、机械台班并计算工程总直接费。

(4) 人材机汇总、议价和取费：人材机汇总由系统自动完成，再按市场价或合同价调整材料价格并按工程类别及相应费率调整确定取费有关系数，完成工程费用的计算。

(5) 工程预算报表打印输出及装订。

预算书打印出来后，需要经过复核、装订、签章等过程。复核是指单位工程预算书编制后，由本单位有关人员对预算书进行核对，及时发现差错，及时纠正，以提高预算的准确性。复核人员应向预算编制人员了解编制情况，并查阅相关图纸和工程量计算书，复核完毕应予签章。单位工程预算书应按预算封面、编制说明、工程费用表、预算定额表、人材机分析表、调价材料明细表等顺序编排装订成册，工程量计算书一般另册收存备查。

4.1.3 编制建筑安装工程预算书应注意的问题

1. 工程量计算

预算定额的分部分项工程划分一般按构件种类、材料做法、尺寸（厚度）及规格等分项，因此，在计算工程量时，项目名称要尽量完整，既要满足选套定额的要求，又要兼顾以后的检查核对。项目名称及工程内容的描述要简明易懂，计算列式应尽量分步列式。例如实砌砖墙定额按是否抹灰（清水、混水）及墙厚分项，不分内、外墙，即同样做法的内、外墙套同一定额子目。在具体工程量计算中，要按不同层次、不同部位（轴线）、不同做法、不同位置（内墙、外墙）分别计算、汇总。这样做不仅便于检查核对，而且还可进行工程量的比较分析。某工程砖砌外墙用 M5.0 的混合砂浆砌筑，墙厚为 240mm，水泥砂浆抹面，工程量计算见表 4-5。

2. 正确分列分部分项工程实体项目和措施性项目

使用量价分离的定额，必须将分部分项工程实体项目和措施性项目区别开来。分部分项工程实体项目一般指组成工程实体的定额项目，但在安装工程中，由于专业特点，也有部分非工程实体的项目，却也是主要工程内容。如：探伤、试压、冲洗等定额项目以及高层建筑增加费、超高增加费、安装与生产同时进行增加费、有害身体健康环境施工增加费、洞库工程增加费、采暖、通风空调系统调整费也属于此类项目。

措施性项目是指在特定施工条件下，经常采用的且列有项目或规定的施工措施项目，如安装工程中的金属桅杆、现场组装平台、焦炉施工大棚、焦炉热态试验、金属胎具等均为措施项目。

定额中的分部分项工程实体项目和措施性项目均分别列有定额子目或规定（文字说明或系数）。实际工作中，也会出现同一定额子目既用于分部分项工程实体项目，也用于措施性项目，比如配电箱安装、电缆敷设等。因此，当定额子目用于措施性项目时，计算书中的定额名称前加一“（措施）”字样。

3. 定额中各种系数的使用

在使用消耗量定额时，尤其是安装工程消耗量定额，除应认真学习理解各册定额的说明、规定以及配套的工程量计算规则外，还应注意各种系数的使用。

（1）定额中各种系数的区别

安装工程中系数繁多，有换算系数、子目系数和综合系数，共 780 多项。只有正确选套项目系数才能合理确定工程消耗量，这也是工程造价人员业务水平的重要体现。

1）换算系数

换算系数大部分是由于安装工作物的材质、几何尺寸或施工方法与定额子目规定不一致，需要进行调整的换算系数，如：安装前集中刷油，相应项目乘以系数 0.7；安装已做好保温层（含非金属保护层）的管道时，按相应材质及连接形式的管道安装定额，其人工乘以系数 1.10；室内给水铝塑复合管、塑料管等，若设计规定嵌墙或楼（地）面暗敷时，定额人工乘以系数 0.80，同时按实调整管件及管卡、扣座、支架类材料用量。换算系数一般都标注在各册的章节说明或工程量计算规则中。

2）子目系数

子目系数一般是对特殊的施工条件、工程结构等因素影响进行调整的系数，如：洞库、暗室施工增加、高层建筑增加、操作高度增加等。子目系数一般都标注在各册说明中。

3）综合系数

综合系数是针对专业工程特殊需要、施工环境等进行调整的系数。如脚手架搭拆、采暖系统调整费、通风空调系统调整费、安装与生产同时施工和有害身体健康环境施工增加费等。综合系数一般标注在总说明和各册说明中。

(2) 主要系数的使用

各系数的计算，一般按照换算系数、子目系数、综合系数的顺序逐级计算，且前项计算结果作后项的计算基础。子目系数、综合系数发生多项可多项计取，一般不可在同级系数间连乘。各系数的计算，要根据具体情况，严格按定额的规定计取，不可重复或漏计，部分主要系数的计算方法如下。

1) 超高增加系数

超高系数是指安装高度离操作地面的垂直距离。有楼层的按楼地面计，无楼层的按设计地坪计。超高系数分 10m 内、15m 内、20m 内、20m 以上四个档次，起点高度按各册规定计算，取费基础为全部定额人工费。各册章中已说明包括超高内容的项目不再计算该系数。

2) 高层建筑增加系数

高层建筑增加系数是指高层民用建筑物高度以室内设计地坪为准超过六层或室外设计地坪至檐口高度超过 20m 以上时，其安装工程应计取高层建筑增加系数。其费用内容包括：人工降效，材料、工器具的垂直运输增加的机械台班费，操作工人所乘坐的升降设备台班以及通讯联络工具等费用。该系数仅限于给排水、采暖、燃气、电气、消防、安防、通风空调、电话、有线电视、广播等工程。以下情况不可计取：

① 定额中已说明包括的不再计取，如电梯等；

② 高层建筑中地下室部分不能计算层数和高度；

③ 层高不超过 2.2m 时，不计层数；

④ 屋顶单独水箱间、电梯间不能计算层数，也不计算高度；

⑤ 同一建筑物高度不同时，可按垂直投影以不同高度分别计算；

⑥ 高层建筑物坡形顶时，可按平均高度计算；

⑦ 若层数不超过六层，但总高度超过 20m，可按层高 3.3m 折算层数。

该系数的计算是按包括六层或 20m 以下全部工程（含其刷油保温）人工费乘以相应系数。其中 70％为人工费，30％为机械费。

3) 洞库暗室增加系数

洞库工程是指设置于没有自然采光、没有正常通风、没有正常运输行走通道的情况下施工而进行补偿的施工降效费。层数超过一层的地下室（设有地上窗或洞口的除外）应计算该系数。暗室洞库暗室施工时，其定额人工、机械消耗量各增加 15％。

4) 系统调整系数

系统调整是由于工程专业特点，须对其安装系统进行调试后才能交工或使用，而定额没有设子项，只规定用系数计算，如：采暖工程系统调整费，通风空调系统调整费，小型站类系统调整费。系统调整费的计算除定额另有规定外，均按系统全部工程人工费乘以相应系数计算。全部工程人工费包括附属的分部分项工程项目。

5) 脚手架搭拆费用

消耗量定额中除第一册《机械设备安装工程》中第四章起重设备安装、第五章起重轨道安装，第二册《电气设备安装工程》中 10kV 以下架空线路等脚手架搭拆费用已列入定额外，其他册需要计列的均已规定了调整系数。该系数已考虑到以下因素：

① 各专业工程交叉作业施工时可以互相利用的因素，测算中已扣除可以重复利用的脚手架；

② 安装工程大部分按简易脚手架考虑的，与土建工程脚手架不同；

③ 施工时如部分或全部使用土建的脚手架时，按有偿使用处理。

脚手架费用的计算是按定额人工费乘以相应系数。其中 25%为人工费，其余 75%为 材料费。

6）安装与生产（或使用）同时施工增加费

该费用是指施工中因生产操作或生产条件限制（如不准动火）干扰了安装工作正常进行而增加的降效费用，不包括为保证安全生产和施工所采取的措施费用。如安装工作不受干扰的，不应计取此项费用。

该费用按定额人工的 10%计取，其中 100%为人工费。

7）有害身体健康的环境中施工增加费

该费用是指施工中由于有害气体粉尘或高分贝的噪声等，超过国家标准以至影响身体健康增加的降效费用，不包括劳保条例规定应享受的工种保险费。

该费用按定额人工 10%计取，其中 100%为人工费。

各类调整系数计算程序见表 4－6。

表 4－6　　各类调整系数计算程序

项目名称	计算方法	备　注
a. 相关定额基础消耗量	Σ(定额人工费×工程量)	
a_1. 定额换算系数调增（减）消耗量	$a\times \text{I}_1$	I_1、II_2、III_3：相关定额换算系数的调增（减）率，定额规定以系数表示的则为（系数－1）。以下Ⅱ、Ⅲ与Ⅰ含义相同，均代表相应系数的调增比率。
a_2. 定额换算系数调增（减）消耗量	$a\times \text{I}_2$	
a_n. 定额换算系数调增（减）消耗量	$a\times \text{I}_n$	
A. 小 计	$a+a_1+a_2+\cdots a_n$	
b_1. 定子目系数调增消耗量	$A\times \text{II}_1$	
b_2. 定子目系数调增消耗量	$A\times \text{II}_2$	
b_n. 定子目系数调增消耗量	$A\times \text{II}_n$	
B. 合 计	$A+b_1+b_2+\cdots b_n$	
c_1. 综合目系数调增消耗量	$B\times \text{III}_1$	
c_2. 综合目系数调增消耗量	$B\times \text{III}_2$	
c_n. 综合目系数调增消耗量	$B\times \text{III}_n$	
C. 总 计	$B+c_1+c_2+\cdots c_n$	

注　本表中程序仅为表明各类系数计算关系，具体计算表现形式依使用的预算软件设置灵活掌握，但不能违反其计算关系原则。

4. 定额工作内容的综合扩大

新的建筑安装工程消耗量定额工作内容一般为分项内容，为方便使用，对一些项目工作内容仍适当加以综合和扩大，但与96定额相比，其范围已大为缩小。其中建筑、装饰工程综合项目较少，安装工程综合项目较多。各项目的综合内容各章节中均已做了说明，另外从定额消耗量中也可得到反映，在定额使用过程中要注意分析。如安装定额第八册中所有管道项目均已包括了管件安装和水压试验及冲洗（排水管为灌水试验）；室内、外采暖管道已综合了方形补偿器制作安装（地板辐射管例外）；除铸铁给水管和DN≥200的排水管外的所有室内管道均已综合了管道支吊架（或管子托钩、管卡、扣座等）；另外所有碳钢管（镀锌管除外）与室内排水铸铁管均已包括除锈刷底漆，室外排水铸铁管则将底漆与面漆（按沥青防锈漆考虑）都综合在内。各种管件数量综合取定，使用时一般不做调整，确需调整的，只调整管件数量，其余不变。

4.2 工程量计算原理与方法

工程量是以规定的计量单位表示的工程数量。它是编制建筑安装工程预算和招投标文件、施工组织设计、施工作业计划、材料供应计划、建筑统计和经济核算的依据。是预算编制中最基本、最费时的工作，其计算快慢和准确程度，直接影响预算编制的速度和质量。因此，必须认真、准确、迅速地进行工程量计算。

4.2.1 工程量的计算依据与要求

1. 工程量计算依据

工程量计算除依据建筑、安装工程工程量计算规则及消耗量定额有关规定外，尚应依据以下文件：

(1) 经审定的施工设计图纸及其说明。

(2) 经审定的施工组织设计或施工技术措施方案。

(3) 经审定的其他有关技术经济文件。

2. 工程量计算的要求

工程量计算是根据设计图纸规定的各个分部分项工程的尺寸、数量，以及构件、设备明细表等，以物理计量单位或自然计量单位或自然单位计算出来的各个具体工程和结构配件的数量。工程量计算可采用手工计算或计算机工程量计量软件计算。计算中要求做到以下几点：

(1) 工程量计算应采取表格形式，定额编号要正确，项目名称要完整，单位要按定额规定确定。要在工程量计算表中列出算式，并注明计算的轴线或部位，以便于计算和审查。

(2) 工程量计算必须在熟悉定额工程量计算规则和图纸资料的基础上进行，要严格按照定额规定和工程量计算规则，结合施工图纸内容进行计算。图纸标注尺寸中，标高以米为单位，其他尺寸均以mm为单位。在列式计算中，尺寸均以m为单位，尺寸数值一般要取图纸所标注的尺寸（可读尺寸），各个数据应按宽、高（厚）、长、数量、系数的顺序填写。

(3) 数字计算要精确。在计算过程中，小数点要保留三位，汇总时一般可取小数点后两位。

(4) 要按一定的计算顺序计算。为了防止重复和漏算，计算工程量时要按一定的计算顺序进行。

(5) 计算底稿要整齐，列式清楚，数值准确。工程量计算表是预算的基础数据，由于计算的项目多，数据量大，数值之间需增减调整的项目也较普遍，因此计算中一定要条理清楚，各算式之间关系明确。一个子目只有一行算式时，等号后面可不写结果，其计算结果可直接填到工程量栏内；如果有多项算式时，每个算式后都应填写结果，而将合计数填入工程量栏内。各个项目之间应留有一定数量的空行，以便遗留项目的增添或修改。

4.2.2　工程量计算的步骤

工程量计算工作比较繁杂，应按一定步骤和方法进行。根据统筹法原理，其计算一般可分为熟悉图纸、基数计算、计算分项工程量、计算其他不能利用基数计算的项目、整理与汇总等步骤。

1. 计算基数

基数是指在工程量计算中可以反复使用的基本数据。如在土建工程量计算规则中，外墙相应工程量一般是按外墙中心线长度计算，内墙按内墙净长度计算，则外墙中心线长度及内墙净长度即为相应的基数。为避免重复计算，可事先将它们计算出来，随用随取。

2. 编制统计表

统计表是指建筑中的门窗统计表、构件统计表以及安装工程中的设备、器具、零件等的统计计算表。这些表不仅表示了本身的工程量，也是计算其他相应工程量的基数。如门窗表，可统计门窗数量、种类、规格等，也是计算所在墙体面积的扣除基数。施工单位编制的预算书，往往预算员或施工技术员还要编制预制构件加工委托计划表，把预制构件加工或订购计划提前编出来以免影响正常的施工进度。

3. 计算工程量

工程量计算要按前述的计算要求进行，应根据各分部分项工程的相互关系，统筹安排，结合实际，灵活机动。首先计算可利用基数计算的项目，再计算其他不能利用基数计算的项目，尽量避免遗漏和重复计算。

4. 工程量检查复核

工程量计算完毕要认真检查复核，检查无误后进行整理与汇总，列出工程量汇总表，为编制单位工程预算书（套用定额）做好准备。

4.2.3　工程量计算的方法

1. 工程量计算的一般顺序

一个单位工程的分项工程项目很多，计算中，往往一个项目需要查阅多张图纸、资料，而一张图纸又往往包括若干分项工程，稍有疏忽，就会漏项或重复计算。因此，工程量计算的顺序、方法的运用，就显得十分重要。为了便于计算和审核工程量，防止遗漏和重复计算，工程量计算必须按一定顺序计算。

(1) 单位工程工程量计算顺序

1) 按定额的分部分项顺序计算：按定额的章、节、子目次序，由前到后逐项与图纸对照，定额项与图纸设计内容能对上号就计算。使用该法时，要注意当设计内容与定额规定不同，套不上定额项目时，要写清楚项目工程内容并计算工程量，待以后编补充定额。

2) 按施工顺序计算：按施工顺序计算，就是先施工的先算，后施工的后算，即由平整场地、基础挖土算起，直到装饰工程全部施工内容结束为止。使用该法计算，要求编制人具有一定施工经验，并且对定额和图纸内容十分熟悉。

3) 按统筹法计算：统筹法计算工程量，必须先进行基数计算，做好计算的准备工作。该法能减少重复计算，加快计算进度，提高计算质量。

4) 按先平面、后立面，先主体、后一般，先内后外的顺序计算：对于单独的装饰装修工程，可先计算地面、顶棚装饰工程量，再计算墙、柱面装饰工程量；室内装饰台、柜等装饰先计算主体项目，后计算其他相关项目等。

5) 管线工程按管线的走向顺序计算：水暖和电气照明工程中的管道和线路，都是由管线将设备或配件等连接而成的系统。计算时，一般应由进户引入管线开始，沿管线走向，先主管线，后支管线，最后设备等，依次计算。

6) 按工程计量软件程序计算：由于计算机及信息技术的发展，工程计量软件的开发设计不断完善，工程量的计算将从繁琐的手工计算中解脱出来。如广联达慧中软件技术有限公司的工程算量软件和钢筋抽样软件设计了建模法、平法和参数输入方法，实现了工程量上机的快速计算。

在计算工程量时，无论采用哪一种计算顺序，都不能孤立地单独使用，还应结合工程实际情况，灵活处理。特别要注意图纸间的相互关系，要相互对照着看图。如计算墙体砌体工程量时，就要利用建筑平面图、立面图、剖面图、墙身详图及结构施工图的结构平面图（确定构造柱断面、数量以及梁、圈梁高度）、过梁详图或标准图集等。

(2) 分项工程量计算顺序

在同一分项工程中，为了防止重复计算或遗漏，也应按一定的顺序计算。根据不同的项目特点，一般采用以下顺序：

1) 按顺时针方向计算：它是从图纸的左上角开始，按顺时针方向计算，该法适用于计算外墙相应工程项目。

2) 按先横后竖、先上后下、先左后右顺序计算：在同一平面图上，先计算横向工程量，后计算竖向工程量；在横向采用先左后右、从上到下，在竖向采用先上后下、从左至右的计算顺序。该法适用于计算室内相应工程项目。

3) 按图纸标注的代号、编号计算：该法主要用于图纸上进行分类编号的钢筋混凝土构件、金属结构、门窗等构配件的计算。

4) 按图纸轴线编号计算：图纸中的轴线及其形成的轴线网，是所有承重构件的定位线，利用该线编号可以灵活定位在轴线上的点、线或由其围成的面。计算时可先算横轴线上的项目，再算纵轴线上的项目；同一轴线按编号顺序计算。

2. 工程量计算方法

在弄清了工程量计算的要求、步骤和顺序的基础上，进一步掌握计算方法与技巧是十分必要的。工程量计算千头万绪，首先是要掌握好工程计价依据和图纸资料，特别是工程量计算规则和图纸内容。在看图时，要特别注意设计说明，如混凝土的强度等级中垫层、基础、与柱梁板一般不同；有的工程设计底层与上部构件的混凝土强度等级也不同，如果不注意将上下各层计算在一起时，还要返工再分别算。其次，开始计算时，不要急于列式计算，应设计好计算顺序；计算各分项工程时，均要写清楚该工程项目的名称、定额编号、材料做法、强度等级、本算式内容所在部位或编号等，其中定额编号也可在整理汇总后单独选套。这样做看起来耽误了不少时间，但为计算后的整理汇总提供了方便，否则，汇总时极易出错。工程量计算的一般方法有分段法、分层法、分块法、补加补减法、平衡法或近似法等。

(1) 分段法：如基础断面或材料做法不同时，则基础及垫层工程量应分段计算；当墙体的厚度及材料做法不同时，也应按相应条件分段计算。

(2) 分层法：如建筑物各层建筑面积不同、各层的墙厚或砂浆强度等级不同时，均需分层计算；楼板、地面、顶棚等工程量也要分层计算再进行汇总。

(3) 分块法：当楼地面、天棚、墙面抹灰、贴面等有多种材料做法时，可分块分别计算。计算时，一般是先算小块面积，后算总的面积，从总的面积中减去小块面积即为大块面积。

(4) 补加补减法：该法适用于计算多层建筑的楼地面、墙体、楼板、梁、柱等工程量。如各层平面尺寸相同，计算屋面楼板时可用标准层楼板加上楼梯间部分即可。

(5) 平衡法或近似法：当工程量不大或因计算复杂难以正确计算时，可采用平衡抵消法或近似计算的方法，如复杂地形土方工程计算就可采用近似法。

以上方法也要灵活掌握、综合运用。如梁、板等结构构件可按层及构件编号顺序计算；楼地面、内装饰分层分房间计算；外装饰分立面或装饰做法分段、分块计算等。同时，在计算一些主要项目时，可以顺便将有关的其他分项一起计算出来，如计算柱混凝土浇捣分项工程量时，可利用正在翻阅的图纸顺便将其脚手架、模板及抹灰或贴面工程量计算出来；尤其是计算一些零星项目，如雨篷、阳台、挑檐、腰线、门窗套等，在计算混凝土工程量时，可将相应的模板、抹灰或贴面等工程量一并算出，以免重复翻阅图纸。

对于水电安装工程管线工程量的计算，一般按管线走向依次计算。管道工程以系统图为主，结合平面图进行计算，其长度尺寸按安装平面图中的设计标注尺寸，高度尺寸由系统图中的标高尺寸计算；电气管线以平面图为主，结合配电系统图计算。其长度按平面图标注尺寸或用比例尺在平面图上量取，高度尺寸按楼层层高及配电设备、开关、插座设计安装高度计算。

3. 运用统筹法原理计算工程量

建筑工程量的计算是一项繁重而复杂的工作，广大预算工作者在多年的工作实践中，根据统筹法的基本原理，结合建筑施工图预算的工程量计算特点和计算规则，总结出按“线”、“表”、“面”计算工程量的方法。它是先计算出“线”、“表”、“面”基数，并把“线”、“表”、“面”有机地结合起来，编制成相应的计算公式，利用基数，连续计算；并合理安排计算程序，数据前后衔接、相互利用，可以避免重复计算或较大的漏项；减少看图时间，简化计算列式，减少计算差错，提高工程量计算的准确度，从而使工程量计算较一般算法既快又准，统筹法计算工程量的基本要点如下 ：

(1) 统筹程序、合理安排：是根据工程量计算过程中的各种数据间的逻辑关系，合理安排计算顺序，让前面计算出的数据供下一步的计算使用。例如，计算墙体工程量时，按定额顺序是先计算墙体，后计算门窗，但计算墙体时要扣除门窗面积，需计算门窗面积，此时可能只计算所在的墙体上的门窗的面积并进行扣除，当计算门窗工程量时，又要按门窗种类重新计算汇总，造成重复计算。

(2) 利用基数、连续计算：所谓基数，就是根据图纸内容，计算出“四线、两表、两面、一册”数据，作为基数，然后利用这些基数，分别计算与它们各自有关的分项工程量。

(3) 一次算出、多次使用：就是把不能利用基数计算的项目，如常用的定型混凝土构件工程量、各种管道垫层单位工程量以及那些有规律性的项目的系数（含量）等，预先组织力量，一次编好，汇编成工程量计算手册，供计算时使用。

(4) 结合实际、灵活机动：由于建筑物的造型、构造、材料做法等千变万化，在计算过程中，一定要结合图纸实际情况，灵活计算。

4.3 工程竣工结算的审核

4.3.1 审核工程竣工结算的作用

《建筑工程施工发包与承包计价管理办法》规定，建筑工程发承包双方应当按照合同约定定期或者按照工程进度分段进行工程款结算。工程竣工验收合格，应当按规定进行竣工结算。其第十六条第四款指出：“发包方在协商期内未与承包商协商或者经协商未能与承包商达成协议的，应当委托工程造价咨询单位进行竣工结算审核”。目前，工程项目竣工验收后，一般发包方（建设单位）会对承包方（施工企业）编制的竣工结算书（含竣工资料）进行审核。按照规定，国家、集体投资项目必须通过社会审计，私营企业和外资企业可以不委托社会审计而自行审计。但目前大部分发包方不仅要自己内部审核，而且还要委托工程造价咨询单位进行审核。通过对发包方送审结算书进行全面、系统的检查和复核，及时纠正所存在的错误和问题，使之能真实、合理地反映工程造价，达到有效地控制工程造价的目的，保证项目目标管理的实现。

由于建设工程竣工结算的编制是一项繁琐而细致的技术与经济相结合的工作，不仅要求编审人员要具有一定的专业技术知识，包括建筑设计、建筑构造、施工技术、建筑材料等一系列的建筑工程知识，而且还要有较高的预算业务素质、法律、合同管理水平。但是在实际工作中，总是难免会出现这样或那样的差错。例如，由于新技术、新结构和新材料的不断涌现，导致定额缺项或需要补充的项目与内容也不断增多，因缺少调查和可靠的第一手数据资料，致使补充定额的不合理；同时，高估冒算现象也时有发生，有的施工单位为了增加收入，不是从改善经营管理、提高工程质量、创造社会信誉等方面入手，而是采用巧立名目多计工程量、高套定额等手段人为地提高工程造价；另外由于工程造价费用种类多、变动频繁、计算程序复杂、计算基础不一等等，均容易造成差错。

工程竣工结算的审核虽属事后控制，但却很有必要。其审核费用与巨额的工程造价相比，占的比例很低，但产生的经济效益却很高。因此，目前大部分工程发包方都会委托工程造价咨询公司进行工程结算审核。

4.3.2　审核工程结算的方法

由于建设工程的生产过程是一个周期长、数量大的生产消费过程，具有多次性计价的特点。因此采用合理的审核方法不仅能达到事半功倍的效果，而且将直接关系到审查的质量和速度。

审核工程结算，一般先进行规范性审核，即逐项审核其编制依据，采用的编制方法，结算书的组成内容等是否符合有关规定。然后进行技术性审核，即对量、价、费数值逐项进行复核，找出问题并进行调整或重新编制结算资料，出具审核报告。具体审核方法应根据被审工程的规模、种类、复杂程度以及审核的时间要求等确定。常用的审核方法一般有全面审核法、重点审核法、分解对比审核法、分组计算审核法和统筹法等。

1. 全面审核法

全面审核法就是按照施工图的要求，结合现行定额、施工组织设计、承包合同或协议以及有关造价计算的规定和文件等，全面地审核工程数量、定额套用以及费用计算。这种方法实际上与编制施工图预算的方法和过程基本相同。该法的特点是全面、细致、审核质量高、效果好；但需要时间长、审核工作量大、存在重复劳动。在投资规模较大，审核进度要求较紧的情况下，不宜采用这种方法。但发包方及工程咨询单位为严格控制和正确确定工程造价，仍常常采用这种方法。

全面审核时，审核人员对结算的编制依据、工程量计算、定额和单价的套用、各项取费标准进行全面审核，逐项计算工程量、复核定额子目、检查材料单价，逐条逐项一一把关，在审核过程中，才能掌握主动权，不仅能提高审核速度，还能保证审核质量。

2. 重点审核法

重点审核法就是抓住工程预结算中的重点进行审核的方法。这种方法类同于全面审核法，其与全面审核法之区别仅是审核范围不同而已。该方法的优点是工作量相对减少，效果较佳，适用于在时间紧、工作量大，且送审结算编制质量较好的情况下，仅对结算中的重点分部分项工程量、定额项目套用及各项费用的计取进行重点抽查。审核的主要内容是：

(1) 影响面大、涉及范围广的分部分项工程量及有关数据，如线、面、表基数，钢材、水泥等主要材料的价格等。

(2) 工程量大或造价高的项目，如基础工程、砖石工程、混凝土及钢筋混凝土工程，门窗、幕墙工程等；水电安装工程中的主材数量及价格。高层建筑还应注意内外装饰工程的工程量审核。而一些附属项目、零星项目（雨篷、散水、坡道、明沟、水池、垃圾箱）等，可一般性复核或不审。

(3) 补充定额和换算单价，审核是否按规定换算和换算是否正确。

(4) 编制程序及各项费用的计取，主要审核工程类别和费率等是否正确，对材料价格的选用以及材料差价的调整都应仔细核实。

3. 分解对比审核法

在同一地区、同一时期内，如果单位工程的用途、结构和建筑标准都一样，其工程造价应基本相似。因此在总结分析预结算资料的基础上，找出同类工程造价及工料消耗的规律性，整理出同类工程的单方造价指标、工料消耗指标。然后，根据这些指标对审核对象进行分析对比，从中找出差异较大的费用项目或分部分项工程，针对这些项目进行重点审核的方法。审核中常用的技术经济指标包括费用指标、工程量指标、主要材料消耗量指标和各专业（单位）工程造价比例。

(1) 单方造价指标：通过对同类项目的每 m^2 造价的对比，可直接反映出造价的准确性，常用的费用指标有：

1) 每 m^2 建筑面积造价

每 m^2 建筑面积造价＝结算总造价/建筑面积(元/m^2)

2) 某分部工程直接费占工程总造价的百分率

直接费占工程总造价的百分率＝(某分部工程直接费/工程总造价)×100%

3) 直接费、间接费等占工程总造价的百分率

直接费率＝(直接费/工程总造价)×100%

间接费率＝(间接费/工程总造价)×100%

直接工程费率＝(直接工程费/工程总造价)×100%

措施费率＝(措施费/工程总造价)×100%

企业管理费率＝(企业管理费/工程总造价)×100%

(2) 分部工程量指标：即每 m^2 建筑面积中的基础，砖石、混凝土及钢筋混凝土构件、门窗、围护结构等的消耗数量。工程量指标计算公式如下：

某分项工程每 m^2 消耗量＝该分项工程量/建筑面积(m、m^2、m^3、t/m^2)

(3) 工料消耗指标：即每 m^2 建筑面积所需综合工日及主要材料耗用量的分析，如人工工日、钢材、木材、水泥等主要工料的单方消耗指标。其计算公式如下：

每 m^2 人工消耗量＝综合工日总用量/建筑面积

每 m^2 某主要材料消耗量＝某主材总用量/建筑面积

(4) 专业工程造价比例：土建，给排水，采暖通风，电气照明等各专业占总造价的比例。其计策公式如下：

某单位工程造价比例＝某单位工程造价/单项工程总造价

4. 分组计算审查法

就是把预结算中的项目划分若干组，利用同组中一个数据审查其他相关分项工程量

的一种方法。采用这种方法，首先把具有一定内在联系的若干分部分项工程项目编在一组。利用同组中分项工程间具有相同或相近计算基数的关系，审查各个分项工程数量，就能判断同组中其他几个分项工程量的准确程度。如一般把底层建筑面积、底层地面面积、地面垫层、地面面层、楼面面积、楼面找平层、楼板体积、天棚抹灰、天棚涂料等编为一组，先把底层建筑面积、楼地面面积算出来，其他分项的工程量利用已计算的基数就能得出。这种方法的最大优点是审查速度快，工作量小。

5. 筛选法

筛选法是统筹法的一种，通过找出分部分项工程在每单位建筑面积上的工程量、价格、用工的基本数值，归纳为工程量、价格、用工三个单方基本值表，当所审查的预算的建筑标准与“基本值”所适用的标准不同，就要对其进行调整。这种方法的优点是简单易懂，便于掌握，审查速度快，发现问题快。但解决差错问题尚需继续审查。

4.3.3　工程结算审核要求

1. 审核的资料要齐全

由于审核者对现场情况不熟悉，除到现场实地查看外，主要是根据业主提供的竣工结算资料进行审核，一般提交审计的资料有：

(1) 工程竣工结算书；

(2) 工程竣工图；

(3) 总承包合同及各种专业分包合同；

(4) 现场签证、设计变更资料；

(5) 双方议定的材料、设备价格及计价依据；

(6) 有关会议纪要、联系单、地质勘察报告等。

2. 严格遵循审计程序和职业道德，按规定办事，做到公正、公平、实事求是

工程结算的审核工作是一项涉及发、承包双方切身利益的工作，除正常计算复核工作外，可能还有对工作人员的各种干扰。因此，审核人员要严格遵循审计程序和职业道德，按规定办事，做到公正、公平、实事求是。

3. 认真、负责，确保审核质量

在审核过程中，除了按照竣工图纸复核计算工程量、审核定额选套及换算、费用计取等正常项目外，还要认真对照竣工图纸审核工程范围、设计变更、现场签证及材料、设备价格。

一般竣工图由施工单位绘制，为了确保竣工图内容与实际施工内容相符，不但要监理审图、签字、盖章，而且业主项目经理也要审核竣工图，并签字盖章。审核中还要根据竣工图结合隐蔽签证、现场签证和设计变更进行审核计算，审查是否按图纸及合同规定全部完成工作，是否有丢、拉项工程。认真核实每一项工程变更是否真正实施，该增的增，该减的减，实事求是。

在工程竣工结算中设计变更及现场签证往往漏洞较多，如有的是设计变更增加了工程量却没有施工，有的是施工进行了核减，但没有相应的设计变更等。因此审核人员要

有耐心，认真核算工程量，需要时应到现场实地核对。

4.3.4 工程结算审核的内容

在审核过程中，工程咨询单位业要与发承包双方多沟通、多协调，以合同为依据，在竣工图的基础上结合其他竣工资料，按照有关的文件规定实事求是地做好项目的审核工作。主要是审核其工程量是否正确、单价的套用是否合理、费用的计取是否准确、设计变更、签证项目计算是否正确。

1. 工程量的审核

工程量审核的重点是审核是否重复计算和计算的准确性。重复计算的项目如厨房、卫生间墙、地面按镶贴面层计算后又重复计算了抹灰工程量；梁、板、柱交接处受力筋、分布筋或箍筋重复计算等。多计工程量如土方实际开挖深度小于设计室外标高仍按图纸计算；计算楼地面工程量时未扣楼地面超过 0.3m^2 孔洞、地沟所占面积；砌体工程未扣墙体中的圈梁、过梁、超过 0.3m^2 孔洞所占体积；钢筋计算不扣保护层等等。对工程量的审核必须熟悉工程量计算规则和图纸资料。要特别注意经下几点：

(1) 分清计算范围，如砖石工程中基础与墙身的划分、墙长和高度的确定以及计算墙体时应扣、不扣、不增加及并入计算的范围；混凝土工程中柱高的划分、梁与柱的划分、主梁与次梁的划分等。

(2) 定额分部说明及附注，注意调整、换算方法及系数，尤其是安装工程中的定额系数、子目系数和综合系数之间的关系。

(3) 分清限制范围，如建筑物层高大于 3.6m 时，顶棚需要装饰方可计取满堂脚手架费用，现浇钢筋混凝土柱、梁、墙（不含大钢模板）、板模板支撑方可计取超高增加费。

(4) 应仔细核对计算尺寸与图示尺寸是否相符，防止计算错误产生。

(5) 仔细划分专业分包与总包的范围，不能重复计算。

(6) 对签证工程量的审核主要是现场签证及设计变更通知书，应根据实际情况核实，做到实事求是，合理计量。审核时应作好调查研究，审核其合理性和有效性，不能见有签证即给予计量，杜绝和防范不实际的开支。

2. 套用定额的审核

消耗量定额确定的单位消耗量标准一般应严格执行，不能随意提高和降低。在审核套用定额项目时要注意如下几个问题：

(1) 对直接套用的定额项目，首先要注意该分项工程图纸设计内容是否与定额规定相一致，如构件名称、断面形式、强度等级等。其次，工程项目是否重复列项，如块料面层下结合层，沥青隔气层下的冷底子油，商品预制构件的钢筋、铁件等。

(2) 对定额的调整、换算的审核，要弄清允许换算的项目范围、换算系数是定额系数还是其中人工、材料或机械单项系数；换算的方法是否合理，采用的系数是否正确。这些都将直接影响造价的准确性。

(3) 对补充定额的审核，主要是检查编制的依据和方法是否正确，材料预算价格、人工工日及机械台班单价是否合理。

(4) 审核主材价格是否合理，对特殊材料进行市场询价，掌握价格动态，提高工程计价的准确性。

3. 费用的审核

费用项目及费率应根据合同、招投标书及工程造价管理部门颁发的相关费用文件规定确定。审核时应注意取费文件的时效性，执行的取费表是否与工程种类与类别相符；费率计算是否正确；价差调整的材料是否符合文件规定，如计算时的取费基础是否正确，是以人工费为基础还是以直接费为基础。对于费率下浮或总价下浮的工程，在结算时特别要注意变更或新增项目是否同比下浮等。

综上所述，工程竣工结算的审核是一门专业性、知识性、政策性、技巧性很强的工作，因此需要在工作中不断学习、总结和提高。

小　结

本章介绍了建筑安装工程预算的编制依据、方法、步骤以及内容；工程量计算的方法、步骤、注意的问题；建筑安装工程量计算规则以及工程结算的审核方法。

学习本章应结合工程造价计价依据、定额基础知识和建筑安装工程费用等基本知识，全面理解和掌握预算书的编制和工程结算审核的方法、步骤。能够初步掌握建筑安装工程工程量计算的基本方法和主要规则，从而对单位工程预算的编制及审核有个整体认识。

思考与练习

4.1　简述施工图预算编制的依据和内容。

4.2　简述施工图预算编制的步骤。

4.3　简述施工图预算编制应注意的问题。

4.4　对工程量的计算有哪些要求?

4.5　简述工程量计算的方法。

4.6　工程量计算规则的计算尺寸及单位是如何规定的?

4.7　计算外墙、内墙相应工程量时，墙长、高是如何规定的?

4.8　钢筋混凝土工程中柱、梁、板构件的混凝土及钢筋工程量如何计算?

4.9　如何计算屋面防水和保温工程量?

4.10　外墙抹灰工程中的“零星项目”和“装饰线条”是如何区分的?墙面抹灰工程量中是否扣除所占面积?

4.11　建筑物内、外脚手架各有哪几种?如何计算内、外脚手架工程量?

4.12　如何计算独立柱、梁、墙脚手架?

4.13　如何计算建筑物垂直运输机械及超高增加费?

4.14　如何计算现浇混凝土模板工程量？

4.15　计算模板超高费的构件有哪些？如何计算模板超高工程量？

4.16　简述管道安装工程量的计算规则及定额包括的内容。

4.17　工程结算审核的方法有哪几种？各有什么特点？

4.18　工程结算审核的内容有哪些？

第5章 工程量清单计价规则

5.1 概　　述

5.1.1 实行工程量清单计价的意义

建设工程实行工程量清单计价，是工程造价计价方式适应社会主义市场经济的一次重大改革，是适应我国加入世界贸易组织、融入世界大市场的需要，是规范建筑市场秩序的重要措施；有利于促进建设行政管理部门职能朝着定规则、当裁判、搞服务方向转变；有利于业主节约投资，施工企业加强管理；有利于在公开、公平、公正的竞争环境中合理确定工程造价，提高投资效益。

5.1.2 《建设工程工程量清单计价规范》(GB 50500—2013) 简介

《建设工程工程量清单计价规范》（以下简称《计价规范》）是根据《中华人民共和国招投标法》、建设部第107号令《建筑工程施工发包与承包计价管理办法》等法规和规定，按照我国工程造价管理现状，总结有关改革的经验，本着国家宏观调控、市场竞争形成价格的原则制定的，是深化我国工程造价管理改革的重要举措。自2000年3月开始调研，2002年2月组织编制，于2003年2月颁发第一版《建设工程工程量清单计价规范》(GB 50500—2003)，7月1日开始施行，2008年7月颁发修订版《建设工程工程量清单计价规范》(GB 50500—2008)，12月1日开始施行。2012年12月颁发最新版《建设工程工程量清单计价规范》(GB 50500—2013) 及相关专业工程工程量计量规范，于2013年7月1日起施行。

1.《计价规范》编制的主要原则

(1) 政府宏观调控、企业自主报价、市场竞争形成价格。

(2) 与现行定额既有机地结合又有区别的原则。

(3) 既考虑我国工程造价管理的现状，又尽可能与国际惯例接轨的原则。

2.《计价规范》的主要内容

2013版工程量清单计价规范包括《建设工程工程量清单计价规范》(GB 50500—2013) 以及《房屋建筑与装饰工程计量规范》(GB 50854—2013)、《仿古建筑工程工程量计量规范》(GB 50855—2013)、《通用安装工程工程量计量规范》(GB 50856—2013)、《市政工程工程量计量规范》(GB 50857—2013)、《园林绿化工程工程量计量规范》(GB 50858—2013)、《矿山工程工程量计量规范》(GB 50859—2013)、《构筑物工程工程量计量规范》(GB 50860—2013)、《城市轨道交通工程工程量计量规范》(GB 50861—2013)、《爆破工程工程量计量规范》(GB 50862—2013) 等9个专业工程的计量规范。

《建设工程工程量清单计价规范》(GB 50500—2013) 包括15章，分别是总则、术语、一般规定、招标工程量清单、招标控制价、投标价、合同价款约定、工程计量、合同价款调整、合同价款中期支付、竣工结算与支付、合同解除的价款结算与支付、合同价款争议的解决、工程计价资料与档案、工程计价表格等。

各专业工程的工程量计量规范都包括正文和附件两大部分，两者具有同等效力。

第一部分为正文，共五章，包括总则、术语、一般规定、分部分项工程、措施项目。第二部分是附录，附录中包括项目编码、项目名称、项目特征、计量单位、工程量计算规则和工作内容。其中项目编码、项目名称、项目特征、计量单位、工程量计算规则作为五个统一的内容，要求招标人在编制工程量清单时必须执行。

3.《计价规范》的特点

（1）强制性。主要表现在，一是由建设行政主管部门按照强制性标准的要求批准颁发，规定全部使用国有资金或以国有资金投资为主的大、中型建设工程按“计价规范”规定执行；二是明确工程量清单是招标文件的组成部分，并规定了招标人在编制工程量清单时必须遵守的规则，做到四统一。

（2）实用性。附录中工程量清单项目及计算规则的项目名称表现的是工程实体项目，项目明确清晰，工程量计算规则简洁明了。特别是还有项目特征和工程内容，易于编制工程量清单。

（3）竞争性。一是《计价规范》中的措施项目，在工程量清单中只列“措施项目”一栏，具体采用什么措施，如模板、脚手架、临时设施、施工排水等详细内容由投标人根据企业的施工组织设计，视具体情况报价。因为这些项目在各个企业间各有不同，是企业的竞争项目，是留给企业的竞争空间。二是《计价规范》中人工、材料和施工机械没有具体的消耗量，投标企业可以依据企业的定额和市场价格信息，也可以参照建设行政主管部门发布的社会平均消耗量定额报价，《计价规范》将报价权交给了企业。

（4）通用性。工程量清单及清单计价方式与国际惯例接轨，符合工程量清单计算方法的标准化、工程量计算规则统一化、工程造价确定市场化的规定。

5.1.3 山东省建设工程工程量清单计价规则简介

为解决“工程量清单编制难、工程量清单计价难”的问题，山东省建设厅于2004年根据国家标准《建设工程工程量清单计价规范》（GB 50500—2003）和我省现行有关消耗量定额，组织制订了实施办法——《山东省建设工程工程量清单计价办法》，包括《建筑工程工程量清单及计价办法》、《装饰装修工程工程量清单及计价办法》、《安装工程工程量清单及计价办法》、《市政工程工程量清单及计价办法》等。2011年又根据《建设工程工程量清单计价规范》（GB 50500—2008）制定了《山东省建设工程工程量清单计价规则》（以下简称《计价规则》），本规则与《山东省建筑、装饰、安装、市政、园林绿化工程工程量清单项目设置和计算规则》配套使用。在《项目设置和计算规则》未发布之前，仍执行鲁建发［2004］7号、鲁建标字［2005］8号发布的《山东省建筑、装饰、安装、市政、园林绿化工程工程量清单计价办法》第5部分“分部分项工程量清单项目设置及其消耗量定额”相关内容，其他部分内容同时停止使用。计价规则包括

《计价规范》的全部内容，但更具体化，有可操作性，用大家熟悉的“定额计价方法”解决工程量清单及计价，能比较好地解决工程量清单编制难、工程量清单计价难的问题。

1.《计价规则》的编制原则

(1) 遵循政府宏观调控、企业自主报价、市场竞争形成价格的原则。

(2) 坚持《计价规范》与现行消耗量定额相衔接的原则。

(3) 遵循贯彻好《计价规范》，特别是关于“四统一”等强制性条文规定的原则，但应使其具体化、具可操作性。

(4) 当省有关规定与《计价规范》相左时，首先应按《计价规范》的规定执行；省有关规定虽与《计价规范》相左，但不违背其原则精神，应认真考虑省有关规定。

(5) 对全国“建筑安装工程费用项目组成”的费用项目，重新进行必要的调整、组合，以适应工程量清单计价的需要。

2.《计价规则》适用范围的规定

(1) 工程量清单计价是与“定额”计价共存于工程计价活动中的另一种计价方式，实际工作中，业主发包工程，可以采用工程量清单计价，也可以采用“定额”或其他计价方式。

(2) 工程量清单计价，不但适用于招标投标的计价活动，也适用于估算投资、编制工程预算等其他活动。

(3) 凡是我省建设工程实行工程量清单计价，不论投资主体是政府机构、国有企业单位、集体企业、私人企业和外商投资企业，还是资金来源是国有资金、外国政府贷款及援助资金、私人资金等都应遵守本办法。

(4) 全部使用国有资金投资或国有资金投资为主的大、中型工程，应执行本办法。《计价规则》从资金来源方面，规定了强制实行工程量清单计价的范围。“国有资金”是指国家财政性的预算内或预算外资金，国家机关、国有企事业单位和社会团体的自有资金及借贷资金，国家通过对内发行政府债券或向外国政府及国际金融机构举借主权外债所筹集的资金也应视为国有资金。“国有资金投资为主”的工程是指国有资金占总投资额50%以上或虽不足50%，但国有资产投资者实质上拥有控股权的工程。

3.《计价规则》主要内容

《计价规则》共分五章，各章主要内容如下：

(1) 总则：主要内容包括本办法编制的目的、依据、适用范围等。

(2) 术语：主要内容包括22个术语的解释。

(3) 工程量清单的编制：主要内容包括一般规定、分部分项工程量清单、措施项目工程量清单、其他项目工程量清单、规费项目清单、税金项目清单等。

(4) 工程量清单计价：主要内容包括一般规定、招标控制价、投标报价、工程合同价款的约定、工程计量与价款支付、索赔与现场签证、工程价款调整、竣工结算、工程计价争议处理等。

(5) 工程量清单计价表格。

4. 鲁建发［2004］7号、鲁建标字［2005］8号发布的《山东省建筑、装饰、安装、市政、园林绿化工程工程量清单计价办法》第5部分“分部分项工程量清单项目设置及其消耗量定额”相关内容

分部分项工程量清单项目设置及其消耗量定额：包括分项工程项目编码、项目名称、计量单位和工程量计算规则（即四统一），是编制分部分项工程量清单的依据；还包括分项工程所含的工程内容及其相应定额名称、编号等，是工程量清单报价的参考。

建筑工程包括：5.1土（石）方工程，5.2桩与地基基础工程，5.3砌筑工程，5.4混凝土及钢筋混凝土工程，5.5厂库房大门、特种门、木结构工程，5.6金属结构工程，5.7屋面及防水工程，5.8防腐、隔热、保温工程八章。

其中5.4（第四章）“混凝土及钢筋混凝土工程”中，现浇钢筋混凝土带型基础中：

项目编码：010401001-000

项目名称：带型基础

计量单位：m^3

工程数量：按设计图示尺寸以体积计算

工程内容包括混凝土制作、混凝土运输、夯实碾压、垫层铺设和浇筑基础。

其表格形式见表5-1。

表5-1　　5.4.1现浇混凝土基础（编码：010401）

项目编码	项目名称	计量单位	工程数量
010401001-000	带型基础 1. 基础形式、材料种类 2. 混凝土强度等级	m^3	按设计图示尺寸以体积计算。不扣除构件内钢筋、预埋铁件所占体积

工程内容及消耗量定额

工程内容	定额名称及其编号				
混凝土制作	场外搅拌	$50m^3/h$	4-4-1	$25m^3/h$	4-4-2
	现场搅拌	基础	4-4-15		
混凝土运输	混凝土运输车	运距5km以内	4-4-3	每增1km	4-4-4
	机动翻斗车	运距1km以内	4-4-5		
夯实	原土夯实	人工	1-4-5	机械	1-4-6
垫层铺设	混凝土		2-1-13		
	毛石混凝土		2-1-14		
浇筑基础	无梁式	毛石混凝土	4-2-3	混凝土	4-2-4
	有梁式	混凝土	4-2-5		
	带型桩承台		4-2-2		

装饰装修工程包括：5.1楼地面工程，5.2墙柱面工程，5.3天棚工程，5.4门窗工程，5.5油漆、涂料、裱糊工程，5.6其他装饰工程六章。

安装工程包括：5.1机械设备安装工程，5.2电气设备安装工程，5.3热力设备安装工程，5.4炉窑砌筑工程，5.5静置设备与工艺金属结构制作安装工程，5.6工业管

道工程，5.7 消防工程，5.8 给排水、采暖、燃气工程，5.9 通风空调工程，5.10 自动化仪表安装工程十章。安装工程“分部分项工程量清单项目设置及其消耗量定额”的表格形式见表 5－2。

表 5－2　　5.8.1 给排水、采暖、燃气管道（编码：030801）

<table>
<tr><th>项目编码</th><th>项目名称</th><th>计量单位</th><th>工程数量</th></tr>
<tr><td>030801001－000</td><td>镀锌钢管
1. 安装部位（室内、外）
2. 输送介质
3. 规格
4. 连接方式</td><td>m</td><td>按设计图示管道中心线长度以延长米计算。不扣除阀门、管件（包括减压器、疏水器、水表、伸缩器等组成安装）所占长度；方型补偿器以其所占长度按管道安装工程量计算</td></tr>
<tr><td colspan="4">工程内容及消耗量定额</td></tr>
<tr><td>工程内容</td><td colspan="3">定额名称及其编号</td></tr>
<tr><td rowspan="5">管道安装</td><td colspan="3">室外采暖镀锌钢管（螺纹连接）公称直径（mm 以内）
DN15　8～1　DN20　8～2
DN25　8～3　DN32　8～4
（以下略）</td></tr>
<tr><td colspan="3">室内采暖镀锌钢管（螺纹连接）公称直径（mm 以内）
DN15　8～37　DN20　8～38
DN25　8～39　DN32　8～40
（以下略）</td></tr>
<tr><td colspan="3">室内空调镀锌钢管（螺纹连接）公称直径（mm 以内）
（以下略）</td></tr>
<tr><td colspan="3">室外给水镀锌钢管（螺纹连接）公称直径（mm 以内）
（以下略）</td></tr>
<tr><td colspan="3">（以下略）</td></tr>
<tr><td rowspan="2">套管与防水套管制作、安装</td><td colspan="3">一般钢套管　介质管道公称直径（mm 以内）
DN20　6～3010　DN32　6～3011
（以下略）</td></tr>
<tr><td colspan="3">（以下略）</td></tr>
<tr><td rowspan="3">管道刷油、防腐</td><td colspan="3">管道刷银粉　第一遍　11－57　第二遍　11－58</td></tr>
<tr><td colspan="3">管道刷银粉漆　第一遍　11－83　第二遍　11－84</td></tr>
<tr><td colspan="3">（以下略）</td></tr>
<tr><td rowspan="2">管道绝热及保护层安装、刷油</td><td colspan="3">纤维类制品　管道公称直径（mm 以下）
ϕ57　11－952　ϕ57　11－953</td></tr>
<tr><td colspan="3">（以下略）</td></tr>
<tr><td>给水管道消毒、冲洗</td><td colspan="3">含在管道消耗量定额中</td></tr>
<tr><td>强度试验</td><td colspan="3">含在管道消耗量定额中</td></tr>
</table>

市政工程包括：5.1 土石方工程，5.2 道路工程，5.3 桥涵护岸工程，5.4 隧道工程，5.5 市政管网工程，5.6 钢筋工程，5.7 拆除工程，5.8 路灯工程八章。

园林绿化工程包括：5.1 绿化工程，5.2 园路，5.3 园桥，5.4 假山工程，5.5 园林景观工程。

5.《计价规则》的特点

《计价规则》除了具有与《计价规范》的强制性、实用性、竞争性和通用性的相同性质外，还有如下特点：

(1)《计价规则》与《计价规范》的一致性：具体体现在，一是制定原则及指导思想的一致性；二是适用范围的一致性；三是工程量清单的编制、特别是坚持“五统一”的一致性；四是工程量清单报价的一致性；五是工程费用、综合单价组成的一致性。

(2)《计价规则》比《计价规范》的内容更丰富。《计价规则》涉及了从工程量清单编制至工程竣工结算的全部内容，与《计价规范》相比，增加了“分部分项工程量清单项目设置及其消耗量定额”。结合我省情况，补充了部分分项工程项目。

(3) 可操作性。《计价规则》是依据《计价规范》和我省消耗量定额进行编制的，两者既有机地结合在一起，又保持了各自的特点，直观、易懂、便于操作。《计价规则》将分部分项工程量清单“项目名称”的确定，由《计价规范》的“编制”，改为“填写”，直观、易操作；将清单项目所含工程内容进行分解，与现行消耗量定额项目相对应，用大家熟悉的“定额计价”方法，解决工程量清单计价问题，简单、易懂。

5.2 工程量清单的编制

5.2.1 工程量清单概述

1. 工程量清单的概念

《计价规范》以“表现拟建工程的分项工程项目、措施项目、其他项目名称和相应数量的明细清单”，给工程量清单以含义。广义讲，工程量清单是指按统一规定进行编制和计算的拟建工程分项工程名称及相应数量的明细清单，是招标文件的组成部分。“统一规定”是编制工程量清单的依据，“分项名称及相应工程数量”是工程量清单应体现的核心内容，“是招标文件的组成部分”说明了清单的性质，它是招投标活动的主要依据，是对招标人、投标人均有约束力的文件，一经中标并且签订合同，也是合同的组成部分。

2. 工程量清单的作用

工程量清单自发出至工程竣工结算，发挥着二个依据，三个基础作用。所谓二个依据，一是编制标底的依据，二是投标报价的依据；所谓三个基础，一是投标人进行公正、公平、公开竞争的基础，二是调整工程量的基础，三是工程结算的基础。

5.2.2 工程量清单的编制

工程量清单应由具有编制招标文件能力的招标人，或受其委托具有相应资质的工程造价咨询单位根据《计价规则》进行编制。

1. 分部分项工程量清单的编制

分部分项工程项目是按“分部分项工程量清单项目设置及其消耗量定额”表进行编制的拟建工程的分项“实体”工程项目。分部分项工程量清单是分部分项项目及相应数量的清单。该清单由项目编码、项目名称、项目特征、计量单位和工程数量组成。编制时应执行“五统一”的规定，不得因情况不同而变动。

(1) 项目编码

分部分项工程量清单中项目编码以12位（省补充项目以11位）阿拉伯数字表示，前9位为全国统一编码，后三位（或二位）由工程量清单编制人，根据清单项目设置的数量，自001（省补充项目自01）起顺序编制。其结构为0× ×× ×× ××× ×××。其中，1、2位为工程分类顺序码，01为房屋建筑与装饰工程，02为仿古建筑工程，03为通用安装工程，04为市政工程，05为园林绿化工程，06为矿山工程、07为构筑物工程、08为城市轨道交通工程，09为爆破工程；3、4位为专业工程顺序码（章），5、6位为分部工程顺序码（节），7、8、9位为分项工程项目名称顺序码（子目），后三位（或二位）是清单项目名称编码。

(2) 项目名称

清单中的项目名称，应结合拟建工程实际，按“分部分项工程量清单项目设置及其消耗量定额”表中的相应项目名称抄录，将拟建工程该分项工程具体特征按要求填写在其中。

(3) 计量单位

清单中的计量单位应按“分部分项工程量清单项目设置及其消耗量定额”表中的相应计量单位确定。

(4) 工程内容

工程内容是指完成该工程量清单项目可能发生的各具体子项工程，可为招标人确定清单项目和投标人编制综合单价提供依据。

(5) 工程量

清单中的工程量应按“分部分项工程量清单项目设置及其消耗量定额”表中“工程量”栏内规定的计算方法，计算确定。

现行“消耗量定额”的项目是按施工工序进行划分的，包括的工程内容一般是单一的，据此规定了相应的工程量计算规则，以该工程量计算规则计算出来的工程量，一般是施工中实际发生的数量。而工程量清单项目的划分，一般是以一个“综合实体”考虑的，且包括多项工程内容，据此规定了相应的工程量计算规则，以该工程量计算规则计算出的工程量，不一定是施工中实际发生的数量。应注意二者的工程量计算规则的区别。

建筑、安装工程分部分项工程量清单的编制如例5-1、例5-2所示。

【例5-1】 某宿舍楼框架结构现浇混凝土矩形柱截面尺寸为400mm×400mm，柱高3m，共20根，混凝土为搅拌机现场搅拌，试编制该柱分部分项工程量清单。

【解】 根据建筑工程5.4.2现浇混凝土柱“分部分项工程量清单项目设置及其消耗量定额”确定：

项目编码：010402001001　　项目名称：矩形柱

1) 柱种类、断面：矩形柱，400mm×400mm

2）混凝土强度等级：C25

计量单位：m^3　　工程数量：0.40×0.40×3.00×20.00＝9.60 m^3

将上述结果及相关内容填入“分部分项工程量清单”见表5－3：

表5－3　　**分部分项工程量清单**

工程名称：宿舍楼　　第1页　共1页

序号	项目编码	项目名称	计量单位	工程数量
1	010402001001	矩形柱 1. 柱的种类、断面：矩形柱，400mm×400mm 2. 混凝土强度等级：C25	m^3	9.60

【例5－2】 某消防水泵房电气安装工程MLS型电源配电箱安装在10#基础槽钢上，试编制该项目工程量清单。

【解】 根据安装工程5.2.4控制设备及低压电器安装“分部分项工程量清单项目设置及其消耗量定额”确定：

项目编码：030204018001

项目名称：配电箱

1）类别：成套配电箱

2）安装方式：落地式

3）半周长：高2m，宽1m

计量单位：台

工程数量：1

将上述内容填入“分部分项工程量清单”，见表5－4。

表5－4　　**分部分项工程量清单**

工程名称：消防水泵房电气安装　　第1页　共1页

序号	项目编码	项目名称	计量单位	工程数量
1	030204018001	配电箱 1. 类别：成套配电箱 2. 安装方式：落地式 3. 半周长：高2m，宽1m	台	1

参照上述方法，可编制该工程所有项目的分部分项工程量清单。

2. 措施项目清单的编制

措施项目是为完成工程项目施工，发生于该工程施工前和施工过程中技术、生活、安全等方面的非工程实体项目。措施项目清单是指非工程实体项目和相应数量的清单。“措施项目清单项目设置及其消耗量定额（计价方法）”表中列出了措施项目，编制措施项目清单时，应结合拟建工程实际选用。影响措施项目设置的因素很多，除工程本身因素外，还涉及水文、气象、环境、安全等，表中不可能把所有措施项目一一列出，因情况不同，出现表中未列的措施项目，工程量清单编制人可作补充，补充项目应列在该清单项目最后，并在“序号”栏中以“补”字示之。分部分项工程量清单项目中已含有的措施性内容，不得单独作为措施项目列项。

3. 其他项目清单的编制

其他项目是除分部分项工程项目、措施项目外，因招标人的要求而发生的与拟建工程有关的费用项目。其他项目清单是指其他项目和相应数量的清单。工程建设标准的高低、工程的复杂程度、工期的长短、工程的组成内容等直接影响其他项目清单的设置。其他项目清单包括暂列金额、暂估价、计日工和总承包服务费四部分内容，编制时，应结合拟建工程实际选用，其不足部分，清单编制人可作补充，补充项目应列在该清单项目最后，并以“补”字在“序号”栏中示之。

其他项目清单“项”为计量单位，相应数量为“1”。

(1) 暂列金额：是指招标人提出费用项目，并由招标人预估金额的部分。主要包括预留金、材料购置费。预留金主要考虑可能发生工程量变更而预留的金额。该工程量变更主要是指工程量清单有误引起工程量增加和施工中设计变更引起工程量的增加等。材料购置费是指招标人拟自行采购材料所需的估算金额。暂列金额应在清单“总说明”中注明金额数量。

(2) 总承包服务费和计日工是指招标人提出费用项目、数量，由投标人自主报价的部分。总承包服务费是指为配合协调招标人工程分包和材料采购所需的费用，该处的工程分包指国家允许分包的工程。计日工项目费是指完成招标人预估提出的，并与拟建工程有关零星工作所需的费用，按计日工表确定。

4. 计日工表

计日工表应由招标人根据自身的需要，预测列出人工、材料、机械名称及相应数量。人工按工种，材料、机械按名称、规格、型号列出，计量单位为基本计量单位。

5. 有关问题说明

工程量清单格式中的封面、总说明、分部分项工程量清单、措施项目清单是招标投标实行工程量清单计价必然发生的。其他项目清单、计日工表应视拟建工程的具体情况由招标人决定，是否发至投标人。

5.2.3　工程量清单格式

工程量清单格式是招标人发出工程量清单文件的格式。除封面外，还包括总说明、分部分项工程量清单、措施项目清单、其他项目清单和计日工表。它应反映拟建工程的全部工程内容及为实现这些工程内容而进行的其他工作项目。

1. 封面

由招标人填写、签字、盖章。

2. 总说明

总说明应包括招标人的要求及影响投标人报价相关因素等内容，按下列内容填写：

(1) 报价人须知。

(2) 地质、水文、气象、交通、周边环境、工期等。

(3) 工程招标和分包范围。

(4) 工程量清单编制依据。

(5) 工程质量、材料、施工等的特殊要求。

(6) 招标人自行采购材料的名称、规格型号、数量及要求承包人提供的服务。

(7) 预留金、自行采购材料所需金额的数量。

(8) 投标报价文件提供的数量。

(9) 其他需要说明的问题。

3. 分部分项工程量清单

分部分项工程量清单应包括项目编码、项目名称、项目特征描述、计量单位和工程数量五个部分，是工程量清单的主要部分，以分部分项工程量清单表表示（见表5-5）。分部分项工程量清单应表明拟建工程的全部分项“实体”工程名称和相应工程数量，编制时应避免错项、漏项。

表5-5　　分部分项工程和单价措施项目清单与计价表

序号	项目编码	项目名称	项目特征描述	计量单位	工程量	金额（元）		
						综合单价	合价	其中暂估价
本页小计								
合计								

4. 措施项目清单

措施项目分为总价措施项目和单价措施项目，总价措施项目清单见表5-6，单价措施项目清单见表5-5。

表5-6　　总价措施项目清单与计价表

序号	项目编码	项目名称	计算基础	费率（%）	金额（元）
		安全文明施工费			
		夜间施工费			
		二次搬运费			
		冬雨季施工增加费			
		已完工程及设备保护费			
合计					

5. 其他项目清单

其他项目清单主要体现了招标人提出的一些与拟建工程有关的特殊费用项目，编制时应力求准确、全面。其他项目清单应根据拟建工程的具体情况，参照表 5－7 列项。

表 5－7　　其他项目清单与计价汇总表

序号	项目名称	计量单位	金额（元）	备注
1	暂列金额	项		明细详见表 5－8
2	暂估价			
2.1	材料（工程设备）暂估价		—	明细详见表 5－9
2.2	专业工程暂估价			明细详见表 5－10
3	计日工			明细详见表 5－11
4	总承包服务费			明细详见表 5－12
5	索赔与现场签证			
合计				—

表 5－8　　暂 列 金 额 明 细 表

序号	项目名称	计量单位	暂定金额（元）	备注
1				
2				
3				
4				
5				
6				
7				
8				
合计				

表 5－9　　材料（工程设备）暂估单价表

序号	材料（工程设备）名称、规格、型号	计量单位	单价（元）	备注

表 5－10　　专业工程暂估价表

序号	工程名称	工程内容	金额（元）	备注
合计				

表 5－11　　计日工表

编号	项目名称	单位	暂定数量	综合单价	合价
一	人工				
1					
2					
人工小计					
二	材料				
1					
2					
材料小计					
三	施工机械				
1					
2					
施工机械小计					
四、企业管理费和利润					
总计					

表 5－12　　总承包服务费计价表

序号	项目名称	项目价值（元）	服务内容	费率（%）	金额（元）
1	发包人发包专业工程				
2	发包人供应材料				
⋮					

6. 规费、税金项目清单

表5-13　　规费、税金项目清单与计价表

序号	项目名称	计算基础	费率（%）	金额（元）
1	规费			
1.1	工程排污费			
1.2	社会保障费			
(1)	养老保险费			
(2)	失业保险费			
(3)	医疗保险费			
1.3	住房公积金			
1.4	工伤保险			
2	税金			

5.2.4　工程量清单格式应用实例

本工程量清单为某老干部住宅6#楼安装工程中的给排水消防单位工程量清单。包括封面、扉页、总说明、分部分项工程量清单和措施项目清单。

编制完成的老干部住宅6#楼的给排水消防单位工程量清单见表5-14～表5-18。

表5-14　　封　　面

老干部住宅6#楼安装工程

招标工程量清单

招　标　人：××　×××（单位盖章）

造价咨询人：××　×××（单位盖章）

×××年　×月　×日

表 5-15 **扉　页**

老干部住宅 6＃楼安装工程

招标工程量清单

招标人：××　×××　（单位盖章）

造价咨询人：××　×××　（单位资质专用章）

法定代表人或其授权人：××　××　（签字或盖章）

法定代表人或其授权人：××　××　（签字或盖章）

编制人：××　××　（造价人员签字盖专用章）

复核人：××　××　（造价工程师签字盖专用章）

编制时间：××× 年　×月　× 日

复核时间：××× 年　×月　× 日

表 5-16 **总　说　明**

工程名称：老干部住宅 6＃楼安装工程　　第 1 页 共 8 页

1. 报价人须知

(1) 应按工程量清单报价格式规定的内容进行编制、填写、签字、盖章。

(2) 工程量清单及其报价格式中的任何内容不得随意删除或修改。

(3) 工程量清单报价格式中所有需要填报的单价和合价，投标人均应填报，未填报的单价和合价视为此项费用已包含在工程量清单的其他单价或合价中。

(4) 金额（价格）均应以人民币表示。

2. 该工程施工现场邻近道路，交通运输方便，施工现场北 100m 有学校，施工中注意防噪声。

3. 工程招标范围：建筑工程、装饰装修工程、安装工程（给排水消防、电、采暖工程）。

4. 清单编制依据：按山东省安装工程量清单编制及计价办法、施工设计图纸及施工现场情况等。

5. 本楼施工工期：10 个月以内。

6. 工程质量：优良标准。

7. 考虑施工中可能发生的设计变更和工程量清单有误，暂列金额 1 万元。

8. 投标人应按本办法规定的统一格式，提供《分部分项工程量清单综合单价分析表》、《措施项目费分析表》、《主要材料价格表》。

9. 投标报价文件应一式五份。

表5-17 **分部分项工程量清单**

工程名称：老干部住宅6#楼安装工程 标段： 第2页 共8页

序号	项目编码	项目名称	项目特征描述	计量单位	工程量	金额（元）		
						综合单价	合价	其中暂估价
1	030701003001	消火栓镀锌钢管	1. 规格：*DN*100； 2. 安装部位：室外埋地； 3. 连接方式：卡箍连接	m	99.000			
2	030701003002	消火栓镀锌钢管	1. 规格：*DN*100； 2. 安装部位：室内； 3. 连接方式：卡箍连接	m	295.000			
3	030701007001	法兰阀门	1. 名称：蝶阀； 2. 型号：D71X-10； 3. 规格：*DN*100	个	12.000			
4	030701007002	法兰阀门	1. 名称：蝶阀； 2. 型号：D71X-10； 3. 规格：*DN*65	个	5.000			
5	030701007003	法兰阀门	1. 名称：法兰闸阀； 2. 规格：*DN*100	个	7.000			
6	030701007004	法兰阀门	1. 名称：法兰止回阀； 2. 型号、规格：*DN*100	个	7.000			
7	030701005001	螺纹阀门	1. 名称：泄水阀； 2. 型号、规格：*DN*20	个	6.000			

以下略

表5-18 **总价措施项目清单**

工程名称：老干部住宅6#楼安装工程 标段： 第3页 共8页

序号	项目编码	项目名称	计算基础	费率（%）	金额（元）
1		安全文明施工费			
2		夜间施工费			
3		二次搬运费			
4		冬雨季施工增加费			
5		已完工程及设备保护费			
⋮					
		合计			

5.3 工程量清单报价

5.3.1 工程量清单报价概念

1. 工程量清单报价

工程量清单报价是指投标人根据招标人发出的工程量清单的报价。工程量清单报价应包括按招标文件规定完成工程量清单所列项目的全部费用。包括：分部分项工程费、措施项目费、其他项目费和规费、税金。

2. 综合单价

工程量清单报价应采用综合单价计价。综合单价是完成每分部分项工程每计量单位合格建筑产品所需的全部费用。“全部费用”的含意，应从如下三方面理解：

(1) 考虑到我国的实际情况，综合单价包括除规费、税金以外的全部费用。

(2) 综合单价不仅适用于分部分项工程量清单，也适用于措施项目清单、其他项目清单。

(3) 综合单价应包括以下各项费用：

1) 完成每分期项工程所含全部工程内容的费用。

2) 完成每项工程内容所需的全部费用。

3) 工程量清单项目中没有体现的，施工中又必然发生的工程内容所需的费用。

4) 因招标人的特殊要求而发生费用。

5) 考虑风险因素而增加的费用。

综合单价不应包括招标人自行采购材料的价款，否则是重复计算。该部分价款已由招标人预估，并在清单“总说明”中注明金额。按规定，投标人在报价时，应把招标人预估的金额，记入“其他项目清单”报价中。与招标文件一起发至投标人。

3. 工程量清单报价格式

工程量清单报价格式是投标人进行工程量清单报价的格式，由封面、总说明、投标总价、工程项目总价表、单项工程费汇总表、单位工程费汇总表、分部分项工程量清单计价表、措施项目清单计价表、其他项目清单计价表、零星工作项目计价表等组成。其中，封面由投标人按规定的内容填写。总说明主要应包括两方面的内容。一是对招标人提出的包括清单在内的有关问题的说明。二是有利于自身中标等问题的说明。《计价规则》中对总说明的内容有具体的提示，其不足部分，投标人可以补充。

工程量清单报价具体格式见工程量清单报价编制实例。

5.3.2 综合单价的计算

1. 综合单价的确定

(1) 确定工程内容

综合单价应根据工程量清单项目和拟建工程的实际，或参照“分部分项工程量清单项目设置及其消耗量定额”表中的“工程内容”，确定该清单项目的主体及其相关工程内容。

(2) 计算工程数量

以现行的山东省工程量计算规则，分别计算清单项目所包含每项工程内容的工程数量。

(3) 计算含量

分别计算清单项目的每计量单位工程数量，应包含的某项工程内容的工程数量。

(3)=(2)/相应清单项目工程数量

(4) 选择定额

根据确定的工程内容，参照“分部分项工程量清单项目设置及其消耗量定额”表中的定额名称及其编号，分别选定定额、确定人工、材料、机械台班消耗量。

(5) 选择单价

根据《计价规则》规定的费用组成，参照其计算方法，或参照工程造价管理主管部门发布的人工、材料、机械台班信息价格，确定相应价格。

(6)“工程内容”的人、材、机价款

计算清单项目每计量单位所含某项工程内容的人工、材料、机械台班价款。

$$(6)=\sum[(4)\times(5)]\times(3)$$

(7) 清单项目人、材、机价款

计算清单项目每计量单位人工、材料、机械台班价款。

$$(7)=\sum(6)$$

(8) 选定费率

根据《计价规则》规定的费用项目组成，参照其计算方法，或参照工程造价管理主管部门发布的相关费率，结合本企业和市场的情况，确定管理费、利润率。

(9) 计算综合单价工程量清单报价格式

① 建筑工程

$$(9)=(7)\times(1+\text{管理费}+\text{利润率})$$

② 装饰装修工程

$$(9)=(7)+(7)\text{中人工费}\times(\text{管理费}+\text{利润率})$$

③ 安装工程

$$(9)=(7)+(7)\text{中人工费}\times(\text{管理费}+\text{利润率})$$

④ 市政工程

$$(9)=(7)+(7)\text{中}(\text{人工费}+\text{施工机械使用费})\times(\text{管理费}+\text{利润率})$$

综合单价不应包括招标人自选采购材料的价款，但建筑工程应考虑对管理费、利润影响。

2. 综合单价计算实例

【例 5-3】 建筑工程工程量清单计价表的编制

根据［例 5-1］宿舍楼框架结构现浇混凝土矩形柱的工程量清单（表 5-19），编制该柱工程量清单计价表。

表 5-19　　**分部分项工程量清单**

工程名称：宿舍楼　　第　页　共　页

序号	项目编码	项目名称	计量单位	工程数量
1	010402001001	矩形柱 1. 柱的种类、断面：矩形柱，400mm×400mm 2. 混凝土强度等级：C25	m^3	9.60

【解】 (1) 综合单价计算

1）该项目发生的工程内容为：混凝土制作、浇筑。

2）根据现行定额工程量计算规则，计算工程量。

现浇柱：　　　　　0.40×0.40×3.00×20.00＝9.60(m^3)

现场制作混凝土：　　　　9.60×1.00＝9.60(m^3)

3）分别计算清单项目每计量单位应包括的各项定额工程内容的工程数量。

现浇柱：　　　　　　　9.60÷9.60＝1.00(m^3)

现场制作混凝土：　　　9.60÷9.60＝1.00(m^3)

4）根据5.4.2现浇混凝土柱的“分部分项工程量清单项目设置及其消耗量定额”表的“工程内容及消耗量定额”选定额编号。

现浇柱：　　　　4－2－17

现场制作混凝土：4－4－16

5）确定人、材、机单价（本例按2011年省价目表计算）。

6）计算清单项目每计量单位所含各项工程内容的人、材、机价款：

现浇柱：　　　人工费：101.55×1.00＝101.55(元)

材料费：218.44×1.00＝218.44(元)

机械费：1.13×1.00＝1.13(元)

小　计：101.55＋218.44＋1.13＝321.12(元)

现场制作混凝土：人工费：12.14×1.00＝12.14(元)

材料费：3.60×1.00＝3.60(元)

机械费：8.14×1.00＝8.14(元)

小　计：12.14＋3.60＋8.14＝23.88(元)

7）清单项目每计量单位人、材、机价款：

321.12＋23.88＝345.00(元)

将上述结果及相关内容填入表5－20。

表5－20

清单项目名称	工程内容	定额编号	计量单位	数量	费用组成			
					人工费	材料费	机械费	小计
矩形柱 1. 柱的种类、断面：矩形柱，400mm×400mm 2. 混凝土强度等级：C25	浇筑柱	4－2－17	m^3	1.00	101.55	218.44	1.13	321.12
	现场制作混凝土	4－4－16	m^3	1.00	12.14	3.60	8.14	23.88
合计					113.69	222.04	9.27	345.00

8）根据企业情况确定管理费率为10%，利润率为6%。

建筑工程计费基础＝人工费＋材料费＋机械费

9）综合单价

综合单价＝(人工费＋材料费＋施工机械使用费)×(1＋管理费率＋利润率)

345.00×(1＋0.1＋0.06)＝400.20(元)

10）合价计算

合价＝综合单价×相应清单项目工程数量

400.20×9.60＝3841.92(元)

(2) 分部分项工程量清单计价表

根据《计价规则》要求，将上述计算结果及相关内容填入表 5－21“分部分项工程量清单计价表”。

表 5－21　　分部分项工程量清单表

工程名称：宿舍楼　　第　页　共　页

序号	项目编码	项目名称	计量单位	工程数量	金额（元）	
					综合单价	合价
1	010402001001	矩形柱 1. 柱种类、断面：矩形柱，400mm×400mm 2. 混凝土强度等级：C25	m^3	9.60	400.20	3841.92

【例 5－4】 安装工程工程量清单计价表的编制

根据［例 5－2］某消防水泵房电气安装工程，MLS 型电源配电箱安装在 10# 基础槽钢上的工程量清单（表 5－22），编制该项目清单计价表。

表 5－22　　分部分项工程量清单

工程名称：消防水泵房电气安装　　第　页　共　页

序号	项目编码	项目名称	计量单位	工程数量
1	030204018001	配电箱 1. 类别：成套配电箱 2. 安装方式：落地式 3. 半周长：高 2m，宽 1m	台	1

【解】 1）工程内容：落地式配电箱安装以及槽钢基础安装。

2）工程数量：落地式配电箱 1 台，10# 基础槽钢 3.2m（按计算规则计算）。

3）根据现行定额确定定额子目：

落地式配电箱安装：2－262

槽钢基础制作安装：2－361

4）计算清单项目每计量单位所含各项工程内容的人、材、机价款：

落地式配电箱安装：

人工费：75.88×1＝75.88(元)

材料费：29.88×1＝29.88(元)

机械费：48.99×1＝48.99(元)

小　计：154.75(元)

10# 槽钢基础制作安装：

人工费：43.27×0.32＝13.85(元)

材料费：30.80×0.32＝9.86(元)

机械费：14.11×0.32＝4.52(元)

主材费（10# 槽钢）：28×0.32×10.5＝94.08(元)

小 计：122.31(元)

5）清单项目每计量单位人、材、机价款：

人工费：75.88＋15.85＝89.73(元)

材料费：29.88＋9.86＋94.08＝133.82(元)

机械费：48.99＋4.52＝53.51(元)

小 计：277.06(元)

将上述结果及相关内容填入表 5－23：

表 5－23

清单项目名称	工程内容	定额编号	计量单位	数量	费用组成			
					人工费	材料费	机械费	小计
配电箱 1. 类别：成套配电箱 2. 安装方式：落地式 3. 半周长：高 2m，宽 1m	落地式配套配电箱	2－262	台	1	75.88	29.88	48.99	154.75
	槽钢基础制作安装	2－361	10m	0.32	13.85	9.86	4.52	28.23
	10# 槽钢		m	3.36		94.08		94.08
	合计				89.73	133.82	53.51	277.06

6）管理费按 90％、利润率按 70％计，其计算基础均为人工费。

管理费：89.73×0.9＝80.76(元)

利润：　89.73×0.7＝62.81(元)

7）综合单价：277.06＋80.76＋62.81＝420.63(元)

8）合价：　420.63×1＝420.63(元)

根据《计价规则》要求，将上述计算结果及相关内容填入表 5－24“分部分项工程量清单计价表”。

表 5－24　　分部分项工程量清单计价表

工程名称：消防水泵房电气安装　　第　页　共　页

序号	项目编码	项目名称	计量单位	工程数量	金额（元）	
					综合单价	合价
1	030204018001	配电箱 1. 类别：成套配电箱 2. 安装方式：落地式 3. 半周长：高 2m，宽 1m	台	1	420.63	420.63

5.3.3　措施项目清单计价表的编制

措施项目清单计价表中的序号、项目名称必须按措施项目清单中的相应内容填写，投标人可根据施工组织设计，增加其不足的措施项目。

措施项目清单计价表中的金额，《计价规则》提供了两种计算方法：

(1) 以定额或表中的计价方法报价时，一般应按下列顺序进行。

1) 根据措施项目清单和拟建工程的施工组织设计，确定措施项目。

2) 确定该措施项目所包括工程内容。

3) 以现行的山东省工程量计算规则（与消耗量定额配套的），分别计算该措施项目所含每项工程内容的工程量。

4) 根据2) 确定的工程内容，参照“措施项目清单项目设置及其消耗量定额（计价方法）”表中的消耗量定额，确定人工、材料、机械台班消耗量。

5) 根据计价规则规定的费用组成，参照其计算方法，或参照工程造价管理机构发布的信息价格计算确定相应单价。

6) 计算措施项目所含某项工程内容的人工、材料、机械台班的价款。

$$(6)=\sum[(4)\times(5)]\times(3)$$

7) 措施项目人、材、机价款。

计算清单项目每计量单位人工、材料、机械台班价款。

$$(7)=\sum(6)$$

8) 确定费率。

根据“计价办法”规定的费用项目组成，参照其计算方法，或参照工程造价管理主管部门发布的相关费率，结合本企业和市场的情况，确定管理费、利润率。

9) 金额。

① 建筑工程

$$(9)=(7)\times(1+\text{管理费率}+\text{利润率})$$

② 装饰装修工程

$$(9)=(7)+(7)\text{中人工费}\times(\text{管理费率}+\text{利润率})$$

③ 安装工程

$$(9)=(7)+(7)\text{中人工费}\times(\text{管理费率}+\text{利润率})$$

④ 市政工程

$$(9)=(7)+(7)\text{中}(\text{人工费}+\text{机械使用费})\times(\text{管理费率}+\text{利润率})$$

(2) 当以工程造价管理机构发布的费率计算时，措施项目费计算如下。

1) 建筑工程。

措施项目费＝分部分项工程费的(人工费＋材料费＋机械使用费)×相应措施费率

2) 装饰装修工程。

措施项目费＝分部分项工程费的人工费×相应措施费率

3) 安装工程。

措施项目费＝分部分项工程费的人工费×相应措施费率

4) 市政工程。

措施项目费＝分部分项工程费的(人工费＋机械使用费)×相应措施费率

5.3.4 其他项目与计日工表的编制

1. 其他项目清单计价表的编制

其他项目清单计价表中的序号、项目名称必须按其他项目清单中的相应内容填写，不得增加、减少和修改，并按“其他项目清单项目设置及其计价方法”表的要求报价。

(1) 暂定金额应按招标人在“总说明”中提出的金额填写（包括除规费、税金以外的全部费用)。

(2) 总承包服务费由投标人根据提供的服务所需的费用填写（包括除规费、税金以外的全部费用)。计日工按“计日工表”的合计金额填写。

2. 计日工表的编制

计日工表中的序号、名称、计量单位、数量必须按零星工作项目表中的相应内容填写，不得增加、不得减少、不得修改。

计日工表中的综合单价，投标人应在招标人预测名称及预估相应数量的基础上，考虑零星工作特点进行确定。工程竣工时，按实进行结算。

5.3.5 报价款组成与价格分析表

1. 报价款的组成

报价款包括分部分项工程量清单报价款、措施项目清单报价款、其他项目清单报价款、规费、税金等，是投标人响应招标人的要求完成拟建工程的全部费用。但我省“社会保障费”、“意外伤害保险费”由专门机构收取（除市政工程外)，所以报价时不得重复计算，由此所涉及的税金，也暂不计算。

2. 价格分析表

价格分析表是招标人或评标人确定投标人报价是否合理的参考用表，招标人可根据需要提出，由投标人按表中规定内容编制。

(1) 分部分项工程量清单综合单价分析表

1) 项目编码、项目名称按分部分项工程量清单计价表相应内容填写。

2) 工程名称为清单项目所含工程内容的工程名称。

3) 工程量为清单项目一个计量单位工程量所含某项工程内容的工程数量。

4) 各项费用为某工程内容一个计量单位的费用乘以相应工程量。

(2) 措施项目费分析表

1) 凡“措施项目清单项目设置及其消耗量定额（计价方法)”表中的措施项目能与定额衔接的，费用分析时，应按相应定额分项工程项目逐项分析。

2) 措施项目不能与定额衔接的，可以“项”进行费用综合分析。

3) 分析的每项措施项目费最终结果，应与报价时一致。

(3) 主要材料价格表

1) 表中材料编码、材料名称、规格型号、单位由招标人填写。

2) 招标人提出的“主要材料价格”表中的材料名称应为拟建工程使用的主要材料名称。

5.3.6　工程量清单报价编制实例

本工程量清单清单报价为某老干部住宅6＃楼安装工程中的给排水消防单位工程的工程量清单报价。包括封面、扉页、单项工程投标报价汇总表、单位工程投标报价汇总表、分部分项工程量清单计价表、措施项目清单计价表、其他项目清单计价表、计日工表等。

编制完成的老干部住宅6＃楼的给排水消防单位工程量清单报价表见表5-25～表5-32。

表5-25　　**封　　面**

老干部住宅6＃楼工程

投　标　总　价

投　标　人：<u>某建筑安装公司</u>（单位盖章）

×年　×月　×日

表5-26　　**扉　　页**

投　标　总　价

招标人：<u>某　单　位</u>

工程名称：<u>老干部住宅6＃楼</u>

投标总价（小写）：<u>9809965.00（元）</u>

（大写）：<u>玖佰捌拾万玖仟玖佰陆拾伍元</u>

投　标　人：<u>某建筑安装公司</u>（单位盖章）

法定代表人或其授权人：<u>×　×</u>（签字或盖章）

编制人：<u>×　×</u>（造价人员签字盖专用章）

时间：　×年　×月　×日

表 5-27　　　　　　　　**单项工程投标报价汇总表**

工程名称：老干部住宅 6＃楼　　　　　　　　　　　　　　　　　　　第　页共　页

序号	单位工程名称	金额（元）	其中：（元）		
			暂估价	安全文明施工费	规费
1	建筑工程	7016599.67			
2	装饰装修工程	1436495.12			
3	安装工程	1356870.21		19347.25	4803.36
	合计	9809965.00			

注　安装工程中给排水消防单位工程费用为 556873.42 元。

表 5-28　　　　　　　　**单位工程投标报价汇总表**

工程名称：老干部住宅 6＃楼给排水消防　　　　　　　　　　　　　第　页共　页

序号	汇总内容	金额（元）	其中：暂估价（元）
1	分部分项工程	490563.59	
2	措施费	29143.27	
2.1	其中：安全文明施工费	19347.25	
3	其他项目	14000	
3.1	其中：暂列金额	10000	
3.2	其中：专业工程暂估价		
3.3	其中：计日工	4000	
3.4	其中：总承包服务费		
4	规费	4803.36	
5	税金	18363.2	
	投标报价合计	556873.42	

表 5-29　　　　　　　　**分部分项工程清单计价表**

工程名称：老干部住宅 6＃楼给排水消防　　　　　　　　　　　　　第　页共　页

序号	项目编码	项目名称	项目特征描述	计量单位	工程量	金额（元）		
						综合单价	合价	其中暂估价
1	030701003001	消火栓镀锌钢管	1. 规格：*DN*100； 2. 安装部位：室外埋地； 3. 连接方式：卡箍连接	m	99	205.51	20345.49	
2	030701003002	消火栓镀锌钢管	1. 规格：*DN*100； 2. 安装部位：室内； 3. 连接方式：卡箍连接	m	295	170.36	50256.2	
3	030701007001	法兰阀门	1. 名称：蝶阀； 2. 型号：D71X-10； 3. 规格：*DN*100	个	12	434.88	5218.56	

续表

序号	项目编码	项目名称	项目特征描述	计量单位	工程量	金额（元）		
						综合单价	合价	其中暂估价
4	030701007002	法兰阀门	1. 名称：蝶阀； 2. 型号：D71X-10； 3. 规格：*DN*65	个	5	251.58	1257.9	
5	030701007003	法兰阀门	1. 名称：法兰闸阀； 2. 规格：*DN*100	个	7	400.51	2803.57	
6	030701007004	法兰阀门	1. 名称：法兰止回阀； 2. 型号、规格：*DN*100	个	7	436.57	3055.99	
7	030701005001	螺纹阀门	1. 名称：泄水阀； 2. 型号、规格：*DN*20	个	6	32.87	197.22	
			以下略					
合计							490563.59	

表 5-30　　　　**措施项目清单计价表**

工程名称：老干部住宅 6＃楼给排水消防　　　　第　　页共　　页

序号	项目编码	项目名称	计算基础	费率（%）	金额（元）
1		安全文明施工费	人工费	4.7	19347.25
2		夜间施工费	人工费	2.6	2964.19
3		二次搬运费	人工费	2.2	2417.00
4		冬雨季施工增加费	人工费	2.9	3067.72
5		已完工程及设备保护费	人工费	1.3	1347.11
合计					29143.27

表 5-31　　　　**其他项目清单计价表**

工程名称：老干部住宅 6＃楼给排水消防　　　　第　　页共　　页

序号	项目名称	计量单位	金额（元）	备注
1	暂列金额	项	10000	
2	暂估价			
2.1	材料（工程设备）暂估价		—	
2.2	专业工程暂估价			
3	计日工		4000	
4	总承包服务费			
5				
合计			14000	—

表5-32 计 日 工 表

工程名称：老干部住宅6#楼给排水消防 第 页共 页

编号	项目名称	单位	暂定数量	综合单价	合价
一	人工				
1	瓦工	工日	10	40	400
2	搬运工	工日	20	30	600
人工小计					1000
二	材料				
1	水泥	t	2	300	600
2	木材	m^3	0.25	4600	1150
材料小计					1750
三	施工机械				
1	载重汽车4t	台班	5	250	1250
2					
施工机械小计					1250
总计					4000

5.4 工 程 结 算

由于施工中的诸多原因，发生了工程量的变更，因而引起了报价的变化，遵照谁引起风险谁承担的原则，应按规定进行价款的调整。工程价款的调整包括工程量的调整和价款的调整两部分。

5.4.1 工程量的调整

(1) 分部分项工程量清单有漏项，或设计变更增加新的分部分项工程量清单项目，其工程数量可由承包人按本办法规定的工程量计算办法计算，经发包人确认后，作为工程结算的依据。

(2) 分部分项工程量清单有多余项目，或设计变更减少了原有的分部分项工程量清单项目，可由承包人提出，经发包人确认后，作为工程结算的依据。

(3) 分部分项工程量清单工程量有误，或设计变更引起分部分项工程量清单工程量的变化，可由承包人按实进行调整，经发包人确认后，作为工程结算依据。

5.4.2 价款的调整

(1) 由于工程量的变动，需调整综合单价时，除合同另有约定外，应按下列方法执行。

1) 分部分项工程量清单漏项，或由于设计变更增加了新的分部分项工程量清单项目，其综合单价可由承包人根据本办法，参照工程造价管理机构发布的相关价格、费用信息进行编制，经发包人确认后，作为工程结算的依据。

2) 分部分项工程量清单有多余项目，或设计变更减少了原有的分部分项工程量清单项目，其原有价款，结算时应给予扣除。

3) 分部分项工程量清单有误而调增的工程量，或由于设计变更引起分部分项工程量清单工程量的增加，其增加部分的综合单价，应按下列方法确定：

① 当增加的幅度在原有工程量 10%以内时（含 10%），增加部分的综合单价应按原有综合单价确定。

② 当增加部分的幅度在 10%以上时，超过 10%部分的综合单价，可由承包人根据本办法的规定，参照工程造价管理机构发布的相关价格、费用信息进行编制，经发包人确认后，作为工程结算的依据。但新编综合单价低于原有综合单价时，应执行原有的综合单价。

4）分部分项工程量清单有误而调减了工程量，或由于设计变更引起分部分项工程量清单工程量减少。其减少后剩余部分工程量的综合单价应按原有综合单价确定。

（2）由于分部分项工程量清单工程量的调整，可能引起措施项目清单或其他方面费用的变化，应通过索赔方式给予补偿。

（3）其他项目清单中“招标人部分”的金额、“投标人部分”的计日工费，应按承包人实际完成的工程量进行结算。

5.4.3　调整工程价款应注意的问题

（1）由于招标人的原因，不论是工程量清单有误，还是设计变更等原因引起的分部分项工程量清单项目和工程量增加或减少均要按实调整。

（2）因某些原因需调整或新编综合单价，合同中应有约定，否则应按本办法的规定执行。

（3）“社会保障费”、“意外伤害保险费”在报价款中没有体现（市政工程除外），但工程竣工结算时，应作为基数的一部分，计取税金。

合同履行过程中，引起索赔的原因很多，《计价规则》强调了“由于分部分项工程量清单工程量的调整，可能引起措施项目清单或其他方面费用的变化，应通过索赔方式给予补偿”，但不否认其他原因发生的索赔或工程发包人可能提出的索赔。

5.4.4　工程结算价款的组成

工程结算价款＝（1）＋（2）＋（3）＋（4）＋（5）＋（6）＋（7）

（1）分部分项工程量清单报价款

（2）措施项目清单报价款

（3）其他项目清单价款

其他项目清单价款＝该清单原报价额－“招标人部分”的金额（预留金、材料购置费）

－“投标人部分”的零星工作项目费

＋实际完成的零星工作项目费

（4）工程量的变更而调整的价款

1）分部分项工程量清单漏项，或设计变更增加新的清单项目，应调增的价款。

调增价款＝∑（漏项、新增项目工程量×相应新编综合单价）

2）分部分项工程量清单有多余项目，或设计变更减少了原有的清单项目，应调减的价款。

调减价款＝∑（多余项目原有价款＋减少的项目原有价款）

3）分部分项工程量清单有误而调增的工程量，或设计变更引起分部分项工程量清单工程量增加，应调增的价款。

调增价款＝∑[某清单项目调增工程量（15%以内部分）×相应原综合单价]＋∑[某清单项目调增工程量（15%以外部分）×相应新编综合单价]

④ 分部分项工程量清单有误而调减了工程量，或设计变更引起分部分项工程量清单工程量减少，应调减的价款。

调减价款＝∑(某清单项目调减的工程量×相应原综合单价)

(5) 索赔费用

(6) 规费

规费＝[(1)＋(2)＋(3)＋(4)＋(5)＋实际发生的发包人自行采购材料的价款]×规费率

其中建筑、装饰装修、安装工程的“规费”不包括社会保障费、意外伤害保险费。

(7) 税金

1) 建筑、装饰装修、安装工程

税金＝{[(1)＋(2)＋(3)＋(4)＋(5)＋实际发生的发包人自行采购材料的价款]×(1＋社会保障费率＋意外伤害保险费率)＋(6)}×税金率

2) 市政工程

税金＝[(1)＋(2)＋(3)＋(4)＋(5)＋(6)＋实际发生的发包人自行采购材料的价款]×税金率

小结

本章介绍了《建设工程工程量清单计价规范》和山东省清单计价规则，重点讲述了工程量清单的编制和工程量清单报价以及工程结算等相关内容。

工程量清单编制包括分部分项工程量清单、措施项目清单、其他项目清单、规费税金项目清单等。重点是分部分项工程量清单的编制，分部分项工程项目是按“分部分项工程量清单项目设置及其消耗量定额”表进行编制的拟建工程的分项“实体”工程项目。分部分项工程量清单是分部分项项目及相应数量的清单。该清单由项目编码、项目名称、项目特征、计量单位和工程数量组成，编制时应执行“五统一”的规定。

工程量清单报价是指投标人根据招标人发出的工程量清单的报价。工程量清单报价应包括按招标文件规定，完成工程量清单所列项目的全部费用。包括：分部分项工程费、措施项目费、其他项目费及规费、税金等。工程量清单应采用综合单价编制，综合单价是完成每分部分项工程每计量单位合格建筑产品所需的全部费用。

学习本章的重点是掌握工程量清单和工程量清单报价的编制，弄清清单计价方式下的清单工程量及清单报价与定额计价方式的工程量与预（结）算造价的联系与区别。掌握综合单价的确定方法。

思考与练习

5.1　我国传统的计价方式与工程量清单计价方式有什么区别？

5.2　计价规范正文与附件的主要内容是什么？计价规范有哪些特点？

5.3　山东省《计价规则》分为哪几部分？其编制原则和适用范围有何规定？

5.4　何谓工程量清单？它有何作用？

5.5　工程量清单有哪三种分项清单？分部分项工程量清单项目编码是如何规定的？

5.6　简述工程量清单的编制内容及格式。

5.7　简述分部分项工程量清单的编制内容及格式。

5.8　措施项目与分部分项项目有何关系，措施项目如何确定？

5.9　何谓工程量清单报价？何谓综合单价？

5.10　工程量清单计价应包括哪些费用？

5.11　综合单价与传统单价有何不同？如何确定综合单价？

5.12　措施项目清单计价表中的金额，《计价规则》提供了哪两种计算方法？

5.13　工程量清单报价的规定格式内容和要求有哪些？

5.14　某工程外墙现浇钢筋混凝土无梁式带形基础，断面积为 $0.52m^3$，外墙中心线长 50m，混凝土强度等级为 C25，现场搅拌，混凝土垫层混凝土强度等级为 C15，厚 100mm，宽 1600mm。请用山东省计价依据编制该混凝土基础的工程量清单表、清单综合单价与该基础清单报价表（管理费费率 10％、利润率为 6％）。

5.15　工程结算时工程量如何调整？

5.16　工程结算时工程价款如何调整？

附录1　烟建工程［2005］16号文

关于发布建筑安装工程规费费率的通知

各县市区（规划）建设管理局、有关单位：

为规范我市建设工程计价行为，维护建设工程承发包双方的合法权益，依据《山东省建设工程工程量清单计价办法》、《山东省建设工程消耗量定额》、省建设厅鲁建标字［2004］15号《关于印发〈山东省建筑安装工程费用及计算规则〉的通知》以及省定额站鲁标定字［2005］15号《关于颁布“山东省建设工程安全、文明施工费用项目组成”的通知》（附件2）精神，结合我市实际情况，现将建筑安装工程规费费率以及有关事项通知如下：

一、各项规费的费率及计算规则：

（1）工程排污费：在工程招、投标或编制预算时，暂按工程造价的0.15％计入，在竣工结算时凭环保部门出具的缴款凭证按实结算。

（2）工程定额测定费：按工程造价的0.09％计取。

（3）社会保障费：按建安工作量的2.6％计取。企业在投标报价时，不包括该项费用。在编制工程预（结）算时，仅将其作为计税基础。

（4）住房公积金：按人工费总和的3.6％计取。

（5）危险作业意外伤害保险费：按工程造价的0.15％计取。

（6）安全施工费：

1）总承包建筑工程：按工程造价的1.5％计取；

2）单独发包的安装、装饰、大型土石方等工程，按工程造价的0.8％计取。

二、有关事项说明：

（1）以上“工程造价”不含规费和税金。

（2）本通知与《山东省建设工程工程量清单计价办法》、《山东省建设工程消耗量定额》、《山东省建筑安装工程费用及计算规则》和省建设厅鲁建标字［2005］14号《关于调整山东省建设工程税金计算办法的通知》配套使用。

（3）新的规费费率自2005年8月1日起执行，文件下发之日前已签订合同的，可仍按原合同执行。

（4）本通知由烟台市工程建设标准造价管理办公室负责解释。

2005年10月9日

附录2 鲁建标发［2005］29号文

关于印发《山东省〈建筑工程安全防护、文明施工措施费用及使用管理规定〉实施细则》的通知

鲁建发〔2005〕29 号

各市建委（建设局）、省直有关部门：

为加强建筑工程安全生产、文明施工管理，保障施工从业人员的作业条件和生活环境，防止施工安全事故的发生，根据建设部建办［2005］89号《关于印发〈建筑工程安全防护、文明施工措施费用及使用管理规定〉的通知》精神，结合我省实际，我们制定了《山东省〈建筑工程安全防护、文明施工措施费用及使用管理规定〉实施细则》，现印发给你们，请认真贯彻执行。

二〇〇五年十一月二十一日

山东省〈建筑工程安全防护、文明施工措施费用及使用管理规定〉实施细则

第一条 为加强建筑工程安全生产、文明施工管理，保障施工从业人员的作业条件和生活环境，防止施工安全事故发生，根据建设部建办［2005］89号“关于印发《建筑工程安全防护、文明施工措施费用及使用管理规定》的通知”精神，结合我省实际情况，制定本实施细则。

第二条 本实施细则适用于全省各类新建、扩建、改建的房屋建筑工程（包括与其配套的线路管道和设备安装工程、装饰工程）市政基础设施工程和拆除工程。

第三条 本实施细则所称安全防护、文明施工措施费用，是指按照国家现行的建筑施工安全、施工现场环境与卫生标准和有关规定，购置和更新施工安全防护用具及设施、改善安全生产条件和作业环境所需要的费用。建设单位对建筑工程安全防护、文明施工措施有其他要求的，所发生费用一并计入安全防护、文明施工措施费。

第四条 建筑工程安全防护、文明施工措施费用是由《山东省建筑安装工程费用项目组成》（鲁建标字［2004］3号）中措施费所含的环境保护费、文明施工费、临时设施费及规费中的安全施工费组成。

第五条 环境保护费、文明施工费、临时设施费按我省发布的各专业工程相应费率确定；安全施工费由各市工程造价管理机构制定计取办法。

第六条 编制工程概（预）算，应依据省、市工程造价管理机构的规定，计列工程安全防护、文明施工措施费。

第七条 实行招投标的建设项目，招标方或具有资质的中介机构编制招标文件时，在措施费项中单独列出环境保护费、文明施工费、临时设施费，在规费中列出安全施工费。投标方应根据工程情况，在施工组织设计中制定相应的安全防护、文明施工措施，并结合自身条件单独报价。对环境保护费、文明施工费、临时设施费的报价，不得低于按省发布费率计算所需费用总额90%，安全施工费按各市的规定全额计取。

第八条 建设单位与施工单位应在施工合同中明确安全防护、文明施工措施项目总费用，以及费用预付计划、支付计划、使用要求、调整方式等条款。建设单位与施工单位在施工合同中对安全防护、文明施工措施费用预付、支付计划未作约定或约定不明的，合同工期在一年以内的，建设单位预付安全防护、文明施工措施项目费用不得低于该费用总额的50%；合同工期在一年（含一年）以上的，预付安全防护、文明施工措施费用不得低于该费用总额的30%，其余费用应当按照施工进度支付。实行工程总承包的，总承包单位依法将工程分包给其他单位的，总承包单位与分包单位应当在分包合同中明确安全防护、文明施工措施费用由总承包单位统一管理。安全防护、文明施工措施由分包单位实施的，由分包单位提出专项安全防护措施及施工方案，经总承包单位批准后及时支付所需费用。

第九条 建设单位申请领取施工许可证时，应当将施工合同中约定的安全防护、文明施工措施费用清单及支付计划提交市工程造价管理部门审核，并设立专项费用支付账号，作为保证工程安全和文明施工的具体措施。未提交支付计划和设立专项账户的，各市建设行政主管部门不予核发施工许可证。

第十条 建设单位应当按照本规定及合同约定及时向施工单位支付安全防护、文明施工措施费，并督促施工企业落实安全防护、文明施工措施。

第十一条 工程监理单位应当对施工单位落实安全防护、文明施工措施情况进行现场监理。对施工单位已经落实的安全防护、文明施工措施，总监理工程师或者造价工程师应当及时审查并签认所发生的费用。监理单位发现施工单位未落实施工组织设计及专项施工方案中安全防护和文明施工措施的，有权责令其立即整改；对施工单位拒不整改或未按期限要求完成整改的，监理单位应当及时向建设单位和建设行政主管部门报告，必要时责令其暂停施工。

第十二条 施工单位应当确保安全防护、文明施工措施费专款专用，在财务管理中单独列出安全防护、文明施工措施项目费用清单备查。施工单位安全生产管理机构和专职安全生产管理人员负责对建筑工程安全防护、文明施工措施的组织实施进行现场监督检查，并有权向安全监督部门反映情况。

工程总承包单位对建筑工程安全防护、文明施工措施费用的使用负总责。总承包单位应当按照本规定及合同约定及时向分包单位支付安全防护、文明施工措施费用。总承包单位不按本规定和合同约定支付费用，造成分包单位不能及时落实安全防护措施导致发生事故的，由总承包单位负主要责任。

第十三条 各市安全监督站应当按照现行标准规范对施工现场安全防护、文明施工措施落实情况进行监督检查；各市工程造价管理部门负责对建设单位支付及施工单位使用安全防护、文明施工措施费用情况进行监督，并定期组织联合检查。

第十四条 建设单位未按本规定支付安全防护、文明施工措施费用的，由县级以上建设行政主管部门依据《建设工程安全生产管理条例》第五十四条规定，责令限期整改；逾期未改正的，责令该建设工程停止施工。

第十五条 施工单位挪用安全防护、文明施工措施费用的，由县级以上建设行政主管部门依据《建设工程安全生产管理条例》第六十三条规定，责令限期整改，处挪用费用20%以上50%以下的罚款；造成损失的，依法承担赔偿责任。

第十六条 建设行政主管部门的工作人员有下列行为之一的，由其所在单位或者上级主管机关给予行政处分；构成犯罪的，依照刑法有关规定追究刑事责任：

（一）对没有提交安全防护、文明施工措施费用支付计划的工程颁发施工许可证的；

（二）发现违法行为不予查处的；

（三）不依法履行监督管理职责的其他行为。

第十七条 省、市工程造价管理部门，应根据实际情况，适时发布安全防护、文明施工措施费用的相关费率。

第十八条 建筑工程以外的工程项目安全防护、文明施工措施费用及使用管理可以参照本规定执行。

第十九条 本规定由山东省建设行政主管部门负责解释。

第二十条 本规定自2005年9月1日起施行。

附录3　建设工程安全防护、文明施工措施项目清单

1. 环境保护费

(1) 材料堆放。

① 材料、构件、料具等堆放时，悬挂有名称、品种、规格等标牌；

② 水泥和其他易飞扬细颗粒建筑材料应密闭存放或采取覆盖等措施；

③ 易燃、易爆和有毒有害物品分类存放。

(2) 垃圾清运。

施工现场应设置密闭式垃圾站，施工垃圾、生活垃圾应分类存放。施工垃圾必须采用相应容器或管道运输。

(3) 环保部门要求所需的其他保护费用。

2. 文明施工费

(1) 施工现场围挡：现场采用封闭围挡，高度不小于1.8 m；围挡材料可采用彩色、定型钢板，砖、混凝土砌块等墙体。

(2) 五板一图：在进门处悬挂工程概况、管理人员名单及监督电话、安全生产、文明施工、消防保卫五板；施工现场总平面图。

(3) 企业标志：现场出入的大门应设有本企业标识或企业标识。

(4) 场容场貌：道路畅通；排水沟、排水设施通畅；工地地面硬化处理；绿化。

(5) 宣传栏等。

(6) 其他有特殊要求的文明施工做法。

3. 临时设施费

(1) 现场办公生活设施。

① 临时宿舍、文化福利及公用事业房屋与构筑物、仓库、办公室、加工厂以及规定范围内道路等临时设施。

② 施工现场办公、生活区与作业区分开设置，保持安全距离。

③ 工地办公室、现场宿舍、食堂、厕所、饮水、休息场所符合卫生和安全要求。

(2) 施工现场临时用电。

1) 配电线路。

① 按照TN－S系统要求配备五芯电缆、四芯电缆和三芯电缆。

② 按要求架设临时用电线路的电杆、横担、瓷夹、瓷瓶等，或电缆埋地的地沟。

③ 对靠近施工现场的外电线路，设置木质、塑料等绝缘体的防护设施。

2) 配电箱开关箱。

① 按三级配电要求，配备总配电箱、分配电箱、开关箱三类标准电箱。开关箱应符合一机、一箱、一闸、一漏。三类电箱中的各类电器应是合格品。

② 按两级保护的要求，选取符合容量要求和质量合格的总配电箱和开关箱中的漏电保护器。

3）接地保护装置：施工现场保护零钱的重复接地应不少于三处。

（3）施工现场临时设施用水。

① 生活用水。

② 施工用水。

4. 安全施工费

（1）接料平台。

1）在脚手架横向外侧1～2m处的部位，从底部随脚手架同步搭设。包括架杆、扣件、脚手板、拉结短管、基础垫板和钢底座。

2）在脚手架横向1～2m处的部位，在建筑物层间地板处用两根型钢外挑，形成外挑平台。包括两根型钢、预埋件、斜拉钢丝绳、平台底座垫板、平台进（出）料口门以及周边两道水平栏杆。

（2）上下脚手架人行通道（斜道）：多层建筑施工随脚手架搭设的上下脚手架的斜道，一般成“之”字形。

（3）一般防护：安全网（水平网、密目式立网）、安全帽、安全带。

（4）通道棚：包括杆架、扣件、脚手板。

（5）防护围栏：建筑物作业周边防护栏杆，施工电梯和物料提升机吊篮升降处防护栏杆，配电箱和固位使用的施工机械周边围栏、防护棚，基坑周边防护栏杆以及上下人斜道防护栏杆。

（6）消防安全防护：灭火器、砂箱、消防水桶、消防铁锨（钩）、高层建筑物安装消防水管（钢管、软管）、加压泵等。

（7）临边洞口交叉高处作业防护。

① 楼板、屋面、阳台等临边防护：用密目式安全立网全封闭，作业层另加两边防护栏杆和18cm高的踢脚板。

② 通道口防护：设防护棚，防护棚应为不小于5cm厚的木板或两道相距50cm的竹笆。两侧应沿栏杆架用密目式安全网封闭。

③ 预留洞口防护：用木板全封闭；短边超过1.5m长的洞口，除封闭外四周还应设有防护栏杆。

④ 电梯井口防护：设置定型化、工具化、标准化的防护门；在电梯井内每隔两层（不大于10m）设置一道安全平网。

⑤ 楼梯边防护：设1.2m高的定型化、工具化、标准化的防护栏杆，18cm高的踢脚板。

⑥ 垂直方向交叉作业防护：置防护隔离棚或其他设施。

⑦ 高空作业防护：有悬挂安全带的悬索或其他设施；有操作平台；有上下的梯子

或其他形式的通道。

（8）安全警示标志牌危险部位悬挂安全警示牌、各类建筑材料及废弃物堆放标志牌。

（9）其他：各种应急救援预案的编制、培训和有关器材的配置及检修等费用。

（10）其他必要的安全措施。

（11）危险性较大工程安全措施费：各市根据实际情况确定。

以上所列建筑工程安全防护、文明施工措施项目，是依据现行法律法规及标准规范确定。如修订法律法规和标准规范，本表所列项目应按照修订后的法律法规和标准规范进行调整。

附录 4　建设工程价款结算暂行办法

第一章　总　　则

第一条　为加强和规范建设工程价款结算，维护建设市场正常秩序，根据《中华人民共和国合同法》、《中华人民共和国建筑法》、《中华人民共和国招标投标法》、《中华人民共和国预算法》、《中华人民共和国政府采购法》、《中华人民共和国预算法实施条例》等有关法律、行政法规制订本办法。

第二条　凡在中华人民共和国境内的建设工程价款结算活动，均适用本办法。国家法律法规另有规定的，从其规定。

第三条　本办法所称建设工程价款结算（以下简称“工程价款结算”），是指对建设工程的发承包合同价款进行约定和依据合同约定进行工程预付款、工程进度款、工程竣工价款结算的活动。

第四条　国务院财政部门、各级地方政府财政部门和国务院建设行政主管部门、各级地方政府建设行政主管部门在各自职责范围内负责工程价款结算的监督管理。

第五条　从事工程价款结算活动，应当遵循合法、平等、诚信的原则，并符合国家有关法律、法规和政策。

第二章　工程合同价款的约定与调整

第六条　招标工程的合同价款应当在规定时间内，依据招标文件、中标人的投标文件，由发包人与承包人（以下简称“发、承包人”）订立书面合同约定。

非招标工程的合同价款依据审定的工程预（概）算书由发、承包人在合同中约定。

合同价款在合同中约定后，任何一方不得擅自改变。

第七条　发包人、承包人应当在合同条款中对涉及工程价款结算的下列事项进行约定：

（一）预付工程款的数额、支付时限及抵扣方式；

（二）工程进度款的支付方式、数额及时限；

（三）工程施工中发生变更时，工程价款的调整方法、索赔方式、时限要求及金额支付方式；

（四）发生工程价款纠纷的解决方法；

（五）约定承担风险的范围及幅度以及超出约定范围和幅度的调整办法；

（六）工程竣工价款的结算与支付方式、数额及时限；

（七）工程质量保证（保修）金的数额、预扣方式及时限；

（八）安全措施和意外伤害保险费用；

（九）工期及工期提前或延后的奖惩办法；

（十）与履行合同、支付价款相关的担保事项。

第八条 发、承包人在签订合同时对于工程价款的约定，可选用下列一种约定方式：

（一）固定总价。合同工期较短且工程合同总价较低的工程，可以采用固定总价合同方式。

（二）固定单价。双方在合同中约定综合单价包含的风险范围和风险费用的计算方法，在约定的风险范围内综合单价不再调整。风险范围以外的综合单价调整方法，应当在合同中约定。

（三）可调价格。可调价格包括可调综合单价和措施费等，双方应在合同中约定综合单价和措施费的调整方法，调整因素包括：

1. 法律、行政法规和国家有关政策变化影响合同价款；

2. 工程造价管理机构的价格调整；

3. 经批准的设计变更；

4. 发包人更改经审定批准的施工组织设计（修正错误除外）造成费用增加；

5. 双方约定的其他因素。

第九条 承包人应当在合同规定的调整情况发生后 14 天内，将调整原因、金额以书面形式通知发包人，发包人确认调整金额后将其作为追加合同价款，与工程进度款同期支付。发包人收到承包人通知后 14 天内不予确认也不提出修改意见，视为已经同意该项调整。

当合同规定的调整合同价款的调整情况发生后，承包人未在规定时间内通知发包人，或者未在规定时间内提出调整报告，发包人可以根据有关资料，决定是否调整和调整的金额，并书面通知承包人。

第十条 工程设计变更价款调整

（一）施工中发生工程变更，承包人按照经发包人认可的变更设计文件，进行变更施工，其中，政府投资项目重大变更，需按基本建设程序报批后方可施工。

（二）在工程设计变更确定后 14 天内，设计变更涉及工程价款调整的，由承包人向发包人提出，经发包人审核同意后调整合同价款。变更合同价款按下列方法进行：

1. 合同中已有适用于变更工程的价格，按合同已有的价格变更合同价款；

2. 合同中只有类似于变更工程的价格，可以参照类似价格变更合同价款；

3. 合同中没有适用或类似于变更工程的价格，由承包人或发包人提出适当的变更价格，经对方确认后执行。如双方不能达成一致的，双方可提请工程所在地工程造价管理机构进行咨询或按合同约定的争议或纠纷解决程序办理。

（三）工程设计变更确定后 14 天内，如承包人未提出变更工程价款报告，则发包人可根据所掌握的资料决定是否调整合同价款和调整的具体金额。重大工程变更涉及工程价款变更报告和确认的时限由发承包双方协商确定。

收到变更工程价款报告一方，应在收到之日起 14 天内予以确认或提出协商意见，自变更工程价款报告送达之日起 14 天内，对方未确认也未提出协商意见时，视为变更工程价款报告已被确认。

确认增（减）的工程变更价款作为追加（减）合同价款与工程进度款同期支付。

第三章　工 程 价 款 结 算

第十一条　工程价款结算应按合同约定办理，合同未作约定或约定不明的，发、承包双方应依照下列规定与文件协商处理：

（一）国家有关法律、法规和规章制度；

（二）国务院建设行政主管部门、省、自治区、直辖市或有关部门发布的工程造价计价标准、计价办法等有关规定；

（三）建设项目的合同、补充协议、变更签证和现场签证，以及经发、承包人认可的其他有效文件；

（四）其他可依据的材料。

第十二条　工程预付款结算应符合下列规定：

（一）包工包料工程的预付款按合同约定拨付，原则上预付比例不低于合同金额的 10%，不高于合同金额的 30%，对重大工程项目，按年度工程计划逐年预付。计价执行《建设工程工程量清单计价规范》的工程，实体性消耗和非实体性消耗部分应在合同中分别约定预付款比例。

（二）在具备施工条件的前提下，发包人应在双方签订合同后的一个月内或不迟于约定的开工日期前的 7 天内预付工程款，发包人不按约定预付，承包人应在预付时间到期后 10 天内向发包人发出要求预付的通知，发包人收到通知后仍不按要求预付，承包人可在发出通知 14 天后停止施工，发包人应从约定应付之日起向承包人支付应付款的利息（利率按同期银行贷款利率计），并承担违约责任。

（三）预付的工程款必须在合同中约定抵扣方式，并在工程进度款中进行抵扣。

（四）凡是没有签订合同或不具备施工条件的工程，发包人不得预付工程款，不得以预付款为名转移资金。

第十三条　工程进度款结算与支付应当符合下列规定：

（一）工程进度款结算方式

1. 按月结算与支付。即实行按月支付进度款，竣工后清算的办法。合同工期在两个年度以上的工程，在年终进行工程盘点，办理年度结算。

2. 分段结算与支付。即当年开工、当年不能竣工的工程按照工程形象进度，划分不同阶段支付工程进度款。具体划分在合同中明确。

（二）工程量计算

1. 承包人应当按照合同约定的方法和时间，向发包人提交已完工程量的报告。发包人接到报告后 14 天内核实已完工程量，并在核实前 1 天通知承包人，承包人应提供条件并派人参加核实，承包人收到通知后不参加核实，以发包人核实的工程量作为工程价款支付的依据。发包人不按约定时间通知承包人，致使承包人未能参加核实，核实结果无效。

2. 发包人收到承包人报告后 14 天内未核实完工程量，从第 15 天起，承包人报告的工程量即视为被确认，作为工程价款支付的依据，双方合同另有约定的，按合同执行。

3. 对承包人超出设计图纸（含设计变更）范围和因承包人原因造成返工的工程量，发包人不予计量。

（三）工程进度款支付

1. 根据确定的工程计量结果，承包人向发包人提出支付工程进度款申请，14 天内，发包人应按不低于工程价款的 60%，不高于工程价款的 90%向承包人支付工程进度款。按约定时间发包人应扣回的预付款，与工程进度款同期结算抵扣。

2. 发包人超过约定的支付时间不支付工程进度款，承包人应及时向发包人发出要求付款的通知，发包人收到承包人通知后仍不能按要求付款，可与承包人协商签订延期付款协议，经承包人同意后可延期支付，协议应明确延期支付的时间和从工程计量结果确认后第 15 天起计算应付款的利息（利率按同期银行贷款利率计）。

3. 发包人不按合同约定支付工程进度款，双方又未达成延期付款协议，导致施工无法进行，承包人可停止施工，由发包人承担违约责任。

第十四条 工程完工后，双方应按照约定的合同价款及合同价款调整内容以及索赔事项，进行工程竣工结算。

（一）工程竣工结算方式

工程竣工结算分为单位工程竣工结算、单项工程竣工结算和建设项目竣工总结算。

（二）工程竣工结算编审

1. 单位工程竣工结算由承包人编制，发包人审查；实行总承包的工程，由具体承包人编制，在总包人审查的基础上，发包人审查。

2. 单项工程竣工结算或建设项目竣工总结算由总（承）包人编制，发包人可直接进行审查，也可以委托具有相应资质的工程造价咨询机构进行审查。政府投资项目，由同级财政部门审查。单项工程竣工结算或建设项目竣工总结算经发、承包人签字盖章后有效。

承包人应在合同约定期限内完成项目竣工结算编制工作，未在规定期限内完成的并且提不出正当理由延期的，责任自负。

（三）工程竣工结算审查期限

单项工程竣工后，承包人应在提交竣工验收报告的同时，向发包人递交竣工结算报告及完整的结算资料，发包人应按下表规定时限进行核对（审查）并提出审查意见。

序号	工程竣工结算报告金额	审查时间
1	500 万元以下	从接到竣工结算报告和完整的竣工结算资料之日起 20 天
2	500 万元～2000 万元	从接到竣工结算报告和完整的竣工结算资料之日起 30 天
3	2000 万元～5000 万元	从接到竣工结算报告和完整的竣工结算资料之日起 45 天
4	5000 万元以上	从接到竣工结算报告和完整的竣工结算资料之日起 60 天

建设项目竣工总结算在最后一个单项工程竣工结算审查确认后 15 天内汇总，送发包人后 30 天内审查完成。

（四）工程竣工价款结算

发包人收到承包人递交的竣工结算报告及完整的结算资料后，应按本办法规定的期限（合同约定有期限的，从其约定）进行核实，给予确认或者提出修改意见。发包人根据确认的竣工结算报告向承包人支付工程竣工结算价款，保留 5%左右的质量保证（保修）金，待工程交付使用一年质保期到期后清算（合同另有约定的，从其约定），质保期内如有返修，发生费用应在质量保证（保修）金内扣除。

（五）索赔价款结算

发承包人未能按合同约定履行自己的各项义务或发生错误，给另一方造成经济损失的，由受损方按合同约定提出索赔，索赔金额按合同约定支付。

（六）合同以外零星项目工程价款结算

发包人要求承包人完成合同以外零星项目，承包人应在接受发包人要求的 7 天内就用工数量和单价、机械台班数量和单价、使用材料和金额等向发包人提出施工签证，发包人签证后施工，如发包人未签证，承包人施工后发生争议的，责任由承包人自负。

第十五条　发包人和承包人要加强施工现场的造价控制，及时对工程合同外的事项如实纪录并履行书面手续。凡由发、承包双方授权的现场代表签字的现场签证以及发、承包双方协商确定的索赔等费用，应在工程竣工结算中如实办理，不得因发、承包双方现场代表的中途变更改变其有效性。

第十六条　发包人收到竣工结算报告及完整的结算资料后，在本办法规定或合同约定期限内，对结算报告及资料没有提出意见，则视同认可。

承包人如未在规定时间内提供完整的工程竣工结算资料，经发包人催促后 14 天内仍未提供或没有明确答复，发包人有权根据已有资料进行审查，责任由承包人自负。

根据确认的竣工结算报告，承包人向发包人申请支付工程竣工结算款。发包人应在收到申请后 15 天内支付结算款，到期没有支付的应承担违约责任。承包人可以催告发包人支付结算价款，如达成延期支付协议，承包人应按同期银行贷款利率支付拖欠工程价款的利息。如未达成延期支付协议，承包人可以与发包人协商将该工程折价，或申请人民法院将该工程依法拍卖，承包人就该工程折价或者拍卖的价款优先受偿。

第十七条　工程竣工结算以合同工期为准，实际施工工期比合同工期提前或延后，发、承包双方应按合同约定的奖惩办法执行。

第四章　工程价款结算争议处理

第十八条　工程造价咨询机构接受发包人或承包人委托，编审工程竣工结算，应按合同约定和实际履约事项认真办理，出具的竣工结算报告经发、承包双方签字后生效。当事人一方对报告有异议的，可对工程结算中有异议部分，向有关部门申请咨询后协商处理，若不能达成一致的，双方可按合同约定的争议或纠纷解决程序办理。

第十九条　发包人对工程质量有异议，已竣工验收或已竣工未验收但实际投入使用的工程，其质量争议按该工程保修合同执行；已竣工未验收且未实际投入使用的工程以及停工、停建工程的质量争议，应当就有争议部分的竣工结算暂缓办理，双方可就有争议的工程委托有资质的检测鉴定机构进行检测，根据检测结果确定解决方案，或按工程质量监督机构的处理决定执行，其余部分的竣工结算依照约定办理。

第二十条　当事人对工程造价发生合同纠纷时，可通过下列办法解决：

（一）双方协商确定；

（二）按合同条款约定的办法提请调解；

（三）向有关仲裁机构申请仲裁或向人民法院起诉。

第五章　工程价款结算管理

第二十一条　工程竣工后，发、承包双方应及时办清工程竣工结算，否则，工程不得交付使用，有关部门不予办理权属登记。

第二十二条　发包人与中标的承包人不按照招标文件和中标的承包人的投标文件订立合同的，或者发包人、中标的承包人背离合同实质性内容另行订立协议，造成工程价款结算纠纷的，另行订立的协议无效，由建设行政主管部门责令改正，并按《中华人民共和国招标投标法》第五十九条进行处罚。

第二十三条　接受委托承接有关工程结算咨询业务的工程造价咨询机构应具有工程造价咨询单位资质，其出具的办理拨付工程价款和工程结算的文件，应当由造价工程师签字，并应加盖执业专用章和单位公章。

第六章　附　则

第二十四条　建设工程施工专业分包或劳务分包，总（承）包人与分包人必须依法订立专业分包或劳务分包合同，按照本办法的规定在合同中约定工程价款及其结算办法。

第二十五条　政府投资项目除执行本办法有关规定外，地方政府或地方政府财政部门对政府投资项目合同价款约定与调整、工程价款结算、工程价款结算争议处理等事项，如另有特殊规定的，从其规定。

第二十六条　凡实行监理的工程项目，工程价款结算过程中涉及监理工程师签证事项，应按工程监理合同约定执行。

第二十七条　有关主管部门、地方政府财政部门和地方政府建设行政主管部门可参照本办法，结合本部门、本地区实际情况，另行制订具体办法，并报财政部、建设部备案。

第二十八条　合同示范文本内容如与本办法不一致，以本办法为准。

第二十九条　本办法自公布之日起施行。

参 考 文 献

[1] 中华人民共和国住房和城乡建设部. GB 50500—2013 建设工程工程量清单计价规范. 北京：中国建筑工业出版社，2012.

[2] 黄伟典. 建筑工程计量与计价. 2 版. 北京：中国电力出版社，2011.

[3] 山东省建设厅. 山东省建筑工程工程量清单计价办法. 北京：中国建筑工业出版社，2004.

[4] 山东省建设厅. 山东省建筑工程消耗量定额. 北京：中国建筑工业出版社，2003.

[5] 山东省建设厅. 山东省安装工程消耗量定额. 北京：中国建筑工业出版社，2003.

[6] 山东省住房和城乡建设厅. 山东省建设工程费用项目组成及计算规则. 2011.

[7] 山东省住房和城乡建设厅. 山东省建设工程工程量清单计价规则. 北京：中国建筑工业出版社，2011.

[8] 山东省工程建设标准定额站. 山东省建筑工程价目表. 2011.